植物遗态结构 Fe/C 复合材料的制备及其吸附水中铬、砷、磷的机制研究

朱宗强　朱义年　著

中国环境出版集团・北京

图书在版编目（CIP）数据

植物遗态结构 Fe/C 复合材料的制备及其吸附水中铬、砷、磷的机制研究/朱宗强，朱义年著. —北京：中国环境出版集团，2019.3
ISBN 978-7-5111-3939-9

Ⅰ. ①植… Ⅱ. ①朱…②朱… Ⅲ. ①复合材料—水污染物—吸附—研究 Ⅳ. ①TB383②X52

中国版本图书馆 CIP 数据核字（2019）第 056390 号

出 版 人　武德凯
责任编辑　殷玉婷
责任校对　任　丽
封面设计　宋　瑞

出版发行　中国环境出版集团
（100062　北京市东城区广渠门内大街 16 号）
网　　址：http://www.cesp.com.cn
电子邮箱：bjgl@cesp.com.cn
联系电话：010-67112765（编辑管理部）
发行热线：010-67125803，010-67113405（传真）
印　　刷　北京中科印刷有限公司
经　　销　各地新华书店
版　　次　2019 年 3 月第 1 版
印　　次　2019 年 3 月第 1 次印刷
开　　本　787×960　1/16
印　　张　11.5
字　　数　190 千字
定　　价　50.00 元

前　言

随着我国经济的快速发展，每年都有大量来自采矿、冶金、机械加工、表面处理等行业含重金属的工业废水排放到环境中；同时，畜牧业、工业原料的生产及人们日常生活均产生大量的含磷废水并排入水体。含重金属和含磷废水常见处理方法有吸附法、离子交换法、膜分离法、生物絮凝法和植物修复法等。其中吸附法因其成本低、效率高，以及材料可循环利用等优点为广大学者所青睐，国内外的研究者正致力于寻找各种天然、廉价、高效的吸附材料。

遗态材料是在生物经过亿万年的进化演变而形成的完美独特结构基础上，通过人工方法进一步修饰，制备出既保留原始的精细分级结构，又具有人为附加新特性和功能的吸附材料。

毛竹是我国栽培面积最大的竹种，2017 年全国产量达 16.1 亿根，占全国竹子产量的 59.2%；桉树为广西最大木材来源树种，为世界三大速生树种之一。这两种原料均为制浆造纸产业常用原料，因其自身具有不同尺度范围的有序多孔特殊解剖结构、发达的微孔构造和较大比表面积，常被用于制备吸附材料。

本书利用毛竹、桉木为植物模板，通过人工控制制备了两种植物遗态 $Fe_2O_3/Fe_3O_4/C$ 复合材料（毛竹模板材料，PBGC-Fe/C-B；桉木模板材料，PBGC-Fe/C-E），选择 Cr（VI）、As（V）和 P（V）等为目标污染物，从材料制备、吸附影响实验、吸附前后液相和固相表征等方面探讨材料对目标污染物的吸附机制。

本书的编写得到了秦辉、韦文慧、谢丽唯、戴柳琴等硕士的帮助。本书的工作得到了张学洪教授、王敦球教授、曾鸿鹄教授的指导；得到了李艳红研究员、梁美娜研究员、闫志为教授、梁延鹏高级实验师、张萍高级实验师、黄月群高级实验师、宋颖高级工程师、刘辉利副教授、李恺实验师、唐沈工程师、朱红祥教授、宋雪萍副教授和刘新亮博士的支持。本工作研究和本书写作过程中，参考了大量国内外有关文献并在书中引用，在此向这些文献的作者表示感谢。

本书的出版得到了国家自然科学基金青年项目、广西自然科学基金、广西环境污染控制理论与技术重点实验室、广西岩溶地区水污染控制与用水安全保障协同创新中心、广西院士工作站能力建设项目的资助，在此一并深致谢意。

桂林理工大学　环境科学与工程学院

朱宗强　朱义年

2019 年 3 月于屏风山下

目　录

第 1 章　绪 论 1
1.1　引言 1
1.2　水环境中铬、砷、磷的性质和危害 2
1.3　水环境中铬、砷、磷的处理方法 3
1.4　植物模板吸附材料的国内外研究进展 8
1.5　吸附机理研究现状 11
1.6　本书的研究意义、目的和内容 16

第 2 章　实验材料与方法 19
2.1　实验材料与试剂 19
2.2　PBGC-Fe/C 的制备与表征 21
2.3　PBGC-Fe/C 吸附过程的影响因素研究 24
2.4　PBGC-Fe/C 的吸附机理研究 26
2.5　分析方法 28

第 3 章　PBGC-Fe/C 的制备及表征 31
3.1　PBGC-Fe/C 的制备 31
3.2　PBGC-Fe/C 的表征 35
3.3　本章小结 47

第 4 章 PBGC-Fe/C 对水中铬、砷、磷吸附的影响因素研究 49
4.1 PBGC-Fe/C 对水中 Cr（Ⅵ）吸附的影响因素 49
4.2 PBGC-Fe/C 对水中 As（Ⅴ）吸附的影响因素 61
4.3 PBGC-Fe/C 对水中 P（Ⅴ）吸附的影响因素 75
4.4 本章小结 88

第 5 章 PBGC-Fe/C 对水中铬、砷、磷吸附的机理分析 90
5.1 吸附等温线及热力学特性研究 90
5.2 吸附动力学模型分析 106
5.3 反应溶液体系中目标组分存在形态分析 124
5.4 固相表征分析与吸附过程研究 130
5.5 吸附历程分析 155
5.6 本章小结 157

第 6 章 结论与展望 160
6.1 结论 160
6.2 创新点 164
6.3 展望 165

参考文献 166

第1章 绪 论

1.1 引言

随着我国经济的快速发展，每年都有大量来自采矿、冶金、机械加工、表面处理等行业含重金属的工业废水排放至环境中。重金属污染物难以自然降解，在环境中会逐步被积累，富集到一定程度后会对生物产生严重危害，并通过食物链、饮水、呼吸等途径进入人体，转移至某些器官并富集起来，造成慢性中毒，严重危害人体健康[1,2]。同时，畜牧业、洗涤剂和农业肥料的生产，山林耕地施肥的肥料流失和人们的日常生活中均产生大量含磷废水。磷是水体富营养化的关键营养物质之一，含磷废水排入水体会导致“水华”和“赤潮”，造成环境水体灾害性的生态异常[3]。近年来，含重金属废水和含磷废水的危害越来越受到人们的重视，因此，人们也探索出多种有效的治理途径。对于这两类废水，目前常见的治理方法包括物理化学处理法和生物处理法两大类，如吸附法、离子交换法、膜分离法、植物修复法和生物絮凝法等[1]。传统的物理化学处理法处理成本高且效果不稳定，要从根本上消除重金属和富营养化元素的危害，除了实施清洁生产从源头上对其使用和排放进行遏制外，发展新型天然吸附剂和重金属捕集剂对其进行治理，发挥它们成本低、效率高的优势，已成为一种有效的途径。目前国内外的研究者致力于寻找各种天然、廉价、高效的吸附材料。

遗态材料（Morph-Genetic Materials）是材料研究领域里的一个新概念，最初是由日本的冈部敏弘博士等开发出来的，也有“木质陶瓷”（Wood Ceramics）或“生态陶瓷”（Eco-Ceramics）之称。遗态材料“师法自然”，即是在自然界生物经过亿万年的进化演变而形成“多层次、多维、多结构”的完美独特结构及优异性能的基础上，通过人工方法对其结构组分进行进一步修饰，制备出既保留自然界生物原始的精细分级结构，又人为附加新特性和功能的吸附材料[4–7]。选择合适的植物材料为模板，通过特殊活化和炭化处理即可制造出具有高吸附性能的多孔遗态材料。近年来，植物多孔遗态材料在净化水质、居住环境的改善和电磁波辐射的防护等环境保护领域已经得到了应用[8–10]。

1.2 水环境中铬、砷、磷的性质和危害

1.2.1 铬

铬是一种危害性极大的环境污染物，常以 Cr（Ⅵ）和 Cr（Ⅲ）的形式存在，六价铬主要以铬酸盐（CrO_4^{2-}）和重铬酸盐（$Cr_2O_7^{2-}$）离子形式溶于水中。对于人类而言，Cr（Ⅵ）会干扰人体内的氧化、还原和水解过程，使血红蛋白向高血红蛋白转变，其毒性比 Cr（Ⅲ）大 100 倍[11]。世界各国普遍把 Cr（Ⅵ）列为优先防控污染物。我国批复的首个“十二五”专项规划《重金属污染综合防治“十二五”规划》将铬作为重点防控的 5 个元素之一[12]。同时，铬也是广泛使用的工业原料。电镀、皮革加工及蛇纹石的开采和冶炼都会造成铬污染。美国环保超级基金（Superfund）支持的污染修复项目中，铬污染的普遍性在重金属污染物中排在第二位。我国是世界铬盐生产大国，仅每年排放的铬渣就超过 35 万 t，给土壤和水体的环境安全造成严重威胁。譬如，2011 年发生在我国云南曲靖的铬渣污染事件造成了大面积的水体污染，严重威胁到当地居民的身体健康和饮水安全。因此，水体铬污染不仅是亟待解决的环境问题，也关系到公众健康的社会安全问题。

1.2.2 砷

砷是一种对动物和大多数植物都有剧毒的类金属物质[13]，一般以亚砷酸盐（AsO_3^{3-}）和砷酸盐（AsO_4^{3-}）两种形式存在[14]。美国疾病控制中心（CDC）和国际癌症研究机构将其确定为第一类致癌物质。砷在水环境中有三价和五价两种价态，As（Ⅲ）的毒性强于 As（Ⅴ），对其的处理是一个全球性的科学难题[11]。砷对人体的危害主要表现在引起皮肤病变、神经、消化和心血管系统障碍，且毒性

有积累作用，破坏人体细胞的代谢系统。据报道，皮肤癌、膀胱癌及血管疾病等多种重疾均与砷暴露有关[15]。自然界的砷主要来自火山活动、岩石风化及森林火灾等[16]。人类生产生活过程中砷的释放也是环境中砷的主要来源，如防腐剂、油漆、药物、染料、金属和半导体的生产过程中均能产生砷。农业杀虫剂和肥料的使用、化石染料的燃烧、矿业开采、提炼和其他工业活动也是导致砷进入环境的途径[17–19]。据统计，世界上每年有约 11 万 t 砷通过各种途径进入水环境中，严重威胁着生态系统的安全[20]。因此，对含砷废水的有效治理刻不容缓。

1.2.3 磷

磷作为一种关键性的富营养化物质[21]，主要来源于生活污水、畜牧业工业废水、造纸和磷肥工业废水、生化制药废水、金属表面处理废水等。以生活污水为例，80%的磷来自人体排泄，据统计，人的磷排放量在 1.4～3.2 g/d，其余的来自洗涤废水和食物废渣。磷在水体中大多以磷酸盐的形式存在，分为正磷酸盐、聚合磷酸盐（焦磷酸盐、偏磷酸盐和多磷酸盐）和有机结合的磷酸盐[22–24]，城市污水中一般都含有 4～15 mg/L 以磷酸根存在的磷[25]，而工业废水中磷的含量一般都超过 10 mg/L。溶解的正磷酸盐易被植物吸收，引起水体富营养化。水体富营养化在淡水中表现为“水华”，主要危害为藻类大量繁殖、水体透明度下降、复氧能力减弱和鱼的种类减少。藻类死亡之后，分解要消耗大量溶解氧。溶解氧的不足及某些有毒藻类还会导致鱼类死亡。无法分解的有机物将沉入水底导致湖泊、水库日益淤积变浅，加速了湖泊的老化。从 20 世纪 30 年代首次发现富营养化现象至今，全球范围内已有 30%～50%的湖泊和水库受到不同程度的富营养化影响。我国内陆城市湖泊、水库富营养化现象普遍，而且情况相当严重。滇池、巢湖和太湖 3 大著名湖泊的污染尤其引人注目。

1.3 水环境中铬、砷、磷的处理方法

1.3.1 水环境中铬和砷的处理方法

目前，国内外对铬和砷的治理方法主要分为物理化学法和生物法两大类。物

理化学法包括吸附法、沉淀法、电解法、离子交换法、膜分离法等；生物处理法包括生物吸附法、生物絮凝法和植物修复法等。

1.3.1.1　吸附法

吸附法主要是利用吸附材料的高比表面积或特殊功能的基团对水中重金属离子进行物理吸附和化学吸附[26]，是处理重金属的一种常用方法[27,28]。

吸附材料的选择多种多样，常用的吸附剂有木质素类、腐殖质等生物质，黏土和沸石等天然物质，聚乙烯基树脂和硅胶基树脂等合成材料和活性炭、竹炭等烧制类吸附剂。吸附法因其材料易得，价格低廉，去除效果较好而受到人们的青睐。

目前，吸附复合材料对金属离子的吸附机理被认为主要是重金属离子与材料表面的含氧官能团之间的化学吸附、金属离子生成的絮状物共沉淀等物理吸附[5,29]。在对 Cr（Ⅵ）的吸附过程中，Cr（Ⅵ）通常被吸附剂表面的金属氧化物、Fe（Ⅱ）和 Fe（Ⅲ）等离子还原为 Cr（Ⅲ）[30]。饶品华等采用阳离子水凝胶为吸附剂处理水中的 Cr（Ⅵ），结果表明水凝胶通过静电引力作用能够迅速对水中 Cr（Ⅵ）完成物理吸附，其吸附动力学可用 Langmuir 方程来描述，对 Cr（Ⅵ）在水中存在的离子形态研究更加利于化学吸附过程的描述[31]。刘晓明等利用活性炭开展含 Cr（Ⅵ）电镀废水的处理研究，考察了吸附时间、吸附剂量和 pH 对 Cr（Ⅵ）去除率的影响，结果显示 Freundlich 等温吸附模型可较好地描述这个过程[32]。马红梅等通过 $FeCl_3$ 强迫水解法制备出β-FeO（OH）吸附材料，对其吸附处理水环境中 As（Ⅴ）的效果及机理进行了研究。结果表明，pH 在 3.5～7.0 范围时，是β-FeO（OH）高效吸附 As（Ⅴ）的适宜 pH 范围，Langmuir 等温吸附模型可较好描述其反应过程，最大吸附量为 23.42 mg/g，吸附动力学符合 Lagergren 二级方程[33]。

吸附法的缺点是材料的吸附容量有限及吸附剂的再生比较困难。为了提高处理效果，降低处理费用，近年来，国内外研究者主要致力于利用改性技术处理各种天然材料，增加材料表面有效功能团的数量，从而提高材料的吸附能力，如植物遗态材料的应用已经成为环境功能材料科学研究领域的一个热点问题。

1.3.1.2　沉淀法

在重金属废水中投加某种化学试剂，使其与废水中铬盐和砷盐等待处理物反应生成难溶盐而沉淀下来的方法称为化学沉淀法。传统的化学沉淀法包括中和沉淀法、硫化物沉淀法和钡盐沉淀法[34]。目前中和沉淀是处理含铬含砷废水较为常用的方法，它主要是通过调节废水中的 pH 至碱性，使得水中的铬、砷重金属离子与沉淀剂反应，转化为不溶的固体沉淀，从而达到去除和分离的目的。常用的沉淀剂有石灰、氢氧化钠等。由于处理成本低廉、流程简单、操作简单、安全方便，使得沉淀法在重金属废水处理中应用较为广泛。

1.3.1.3　电解法

电解法主要是使废水中重金属离子在阳极和阴极上分别发生氧化还原反应，使重金属富集，从而使废水中重金属得以去除的方法。此方法具有运行可靠、重金属去除率高的特点，并可回收重金属。但电解法具有电耗大、电极容易钝化、投资成本高等缺点，一般只适合处理高浓度的重金属废水。现在研究较多的是电解法与其他方法相结合的工艺，如离子交换-电解、吸附-电解、络合超滤-电解、共沉淀-电解法等[35]。

1.3.1.4　离子交换法

离子交换法是通过离子交换树脂上的可交换离子与待处理溶液中的目标重金属离子之间的离子交换反应来去除重金属离子的方法。该方法中，离子间的浓度差和交换剂上的功能基对离子的亲和能力是推动离子交换的动力。通过对交换饱和后的树脂进行再生，可以实现重金属的回收。离子交换树脂对重金属离子的分离具有选择性，其性能对去除效果有较大的影响，因此研制和选择对铬、砷选择性高，交换容量大，易于解吸的离子交换树脂具有重要的意义[36]。

1.3.1.5　膜分离法

膜分离法是在对废水进行适当前处理如氧化、还原、吸附等后，将水中的重金属离子转化为特定大小的不溶态微粒，然后在外界压力作用下，利用一种特殊的半透膜将重金属离子除去。膜分离法在操作过程中分离和浓缩同时进行，具有反应过程不发生相变化、分离效率高、操作维护方便和可回收重金属的特点。常见的膜法有微滤、电渗析、反渗透、超滤和纳滤等[36]。目前，膜分离法作为一种新型和高效的水处理技术已经广泛应用于重金属废水的处理中，并取得了许多成功经验。将膜技术与其他工艺组合起来处理重金属废水将是今后的一个发展趋势。

1.3.1.6 生物吸附法

生物吸附法是一项处理重金属污染废水的新技术，利用微生物或植物对水中目标污染组分进行生物积累或生物去除，然后通过一定的方法使目标组分从生物体内释放出来，从而达到降低目标组分浓度的目的。能够吸附重金属及其他污染物的生物体及其衍生物称为生物吸附剂，主要包括细菌、真菌、藻类及一些细胞提取物。目前研究较多的生物吸附剂主要有菌体和藻类，它们都具有巨大的表面积和吸附容量[37]。

菌体对重金属离子的吸附主要是依靠对重金属离子的静电吸附作用、酶的催化转化作用、络合作用、絮凝作用、共沉淀作用及对 pH 的缓冲作用，这些作用使得金属离子沉积，经过固-液分离而被净化[38]。通过物理或化学方法，利用载体将菌体进行预处理固定，增强吸附剂的吸附机械强度和化学稳定性、延长使用周期，从而提高废水处理的深度和效率、减少吸附-解吸循环中的损耗。近年来，国内外很多学者开展了固定化细胞处理含重金属有毒废水的研究工作[39,40]。

藻类的细胞壁主要由多糖、蛋白质和脂类组成，可提供许多能与离子结合的官能团，因此对重金属离子有很好的吸附性能。富集过程一般可分为胞外结合与沉积、胞内吸收与转化两个主要步骤，富集途径有物理吸附、生物吸附、表面沉降、主动运输与被动扩散，其中生物吸附为主要富集途径[41]。

生物吸附法具有运行费用低、无二次污染和处理效率高等特点，对低浓度废水也具有很好的去除效果。因此，生物吸附法具有很好的工业应用前景。

生物絮凝法是利用微生物或微生物产生的代谢物进行絮凝沉淀的一种污水净化方法。该方法涉及的吸附剂是具有高效絮凝作用的天然高分子物质，主要成分为糖蛋白、黏多糖、纤维素和核酸等[42]。由于多数微生物具有一定线性结构，有的表面具有较高电荷或较强的亲水性，能与颗粒通过各种作用相结合，起到很好的絮凝效果[43]。目前开发出具有絮凝作用的微生物有细菌、霉菌、放线菌、酵母菌和藻类等 17 种，其中对重金属有絮凝作用的有 12 种。利用微生物絮凝法处理废水有安全方便无毒、不产生二次污染、絮凝效果好等优点，且微生物生长快、易于实现工业化。

1.3.1.7 植物修复法

植物修复法是指利用植物为载体，通过自身对重金属污染组分的吸收、沉淀和富集等作用，以达到治理污染、修复环境的目的[42]。植物对重金属的净化作用主要有从废水中吸取、沉淀或富集有毒金属；降低有毒金属活性，从而减少重金属被淋滤到地下或通过空气载体扩散；将土壤中或水中的重金属萃取出来，富集并输送到植物根部。可收割部分和植物地上枝条部分，通过收获或移去已积累和富集了重金属的植物枝条，降低土壤或水体中的重金属浓度[42]。在植物修复技术中常利用的植物有藻类、草本植物和木本植物等。陈同斌等研究证明蕨类植物蜈蚣草对砷具有的超富集功能，其叶片含砷量高达 8‰[44,45]，张学洪等发现李氏禾对铬有超富集的作用[46,47]。

1.3.2 水环境中磷的处理方法

废水中的磷一般具有 3 种形态，即正磷酸盐、聚磷酸盐和有机磷化合物。化学法和生物法是目前国内外广泛使用的污水除磷方法[48]。

有机态和低浓度含磷废水主要通过生物法处理。在生物除磷工艺中，污泥处于厌氧状态时，聚磷细菌体内积累的磷充分排出，再进入好氧条件，使之把过多的磷积累于菌体内，然后使含有这种聚磷细菌菌体的活性污泥立即在二沉池内沉降，上清液即已取得良好的除磷效果而排出，即“好氧聚磷，厌氧释磷”，常见工艺包括 A/O、A^2/O、UCT 工艺、Phostrip 法等[36]。

无机态含磷废水主要通过化学法处理，包括沉淀法、离子交换吸附法和结晶法等。通过投加化学沉淀剂与废水中的磷酸盐生成难溶沉淀物的方法叫化学沉淀法，同时形成的絮凝体对磷也有吸附去除作用。常用的混凝沉淀剂有石灰、明矾和氯化铁等。影响此类反应的主要因素有 pH、浓度比和反应时间。早在 20 世纪 80 年代，多孔性物质作为吸附剂和离子交换剂已广泛地应用在含磷废水的净化和控制方面，且取得了丰硕的成果。目前，为了降低废水处理成本和提高处理效率，学者们正致力于研制开发新型廉价的高效吸附剂及吸附和结晶相结合的新型工艺[49]。

对磷的吸附机理，通常认为包括了固相表面的物理吸附、液相中氧化还原反应和络合反应及部分的离子交换过程[50]。辛杰等选择改性铁铝泥、改性赤泥和粉煤灰为 3 种吸附剂，对比改性对磷吸附能力的贡献程度，并在 pH 和干扰离子影响方面阐述机理。结果表明改性后材料吸附磷符合准二级动力学模型，且对磷的吸附能力有所提高，溶液 pH 为 7 时吸附量达到最大值[51]。叶志平等使用改性沸石吸附磷，研究发现沸石改性后比表面积增大，提高了其吸附能力，静态吸附对初始浓度为 0.5 mg/L 的含磷污水去除率达 95.07%；动态吸附实验显示材料的最大吸附量为 0.26～0.29 mg/g[52]。

1.4 植物模板吸附材料的国内外研究进展

自然界的生物经历了几百万年的自然进化后，都形成了各自特有的精巧结构，从而拥有了能够适应大自然各种环境的特殊功能。随着科学研究的发展，人们不断地发现自然界生物结构的特性并加以改进利用，对遗态材料的研究逐渐成为材料学和环境学科的研究热点[53]。

1.4.1 遗态材料模板

遗态材料是科学家们利用不同生物各自独特结构、形貌，经人工合成后制备出保持原有生物结构的同时又具备新特性和功能的复合材料。自然界中的病毒、细菌、蛋白质、微生物乃至各种动植物组织等均可以作为遗态材料的模板选择。国内外有很多学者尝试以不同的纤维、微生物等为模板，添加特定功能，制备获得具备不同倾向功能材料[9,54–56]，这些材料与传统的人造材料相比显示出了明显的优越性。Iwasaki 等选择淀粉凝胶作为模板，并将其进行二氧化钛改性，制备获得孔径为 200 μm 的二氧化钛淀粉泡沫材料，实验结果表明，改性后泡沫材料与普通的无机模板制备的泡沫材料相比，其光催化性能明显增强[57]。Wataru 等将乌贼骨去矿化后，获得完整的有机基体模板，以此制备获得大孔氧化硅复合材料，表征发现其有机成分被去除后，材料呈现有序的氧化硅结构[58]。Yang 等以去矿化之后的鸡蛋壳内膜为模板，用含有 10%钛酸四正丁酯的丙醇二酸溶液进行改性，获得比表面积约 62 m^2/g 的二氧化钛薄膜材料[59]。Dudley 等以硅藻细胞膜为模板，在高温条件使用 TiF_4 和 $Sr(OH)_2$ 改性制备出 $SrTiO_3$ 陶瓷材料，被广泛地用于传感器和驱动器领域[60]。Huang 等以蝴蝶翅膀为模板，进行 Al_2O_3 改性，获得多晶氧化铝壳结构材料，被应用于光子芯片构件和光刻技术等领域[61]。

桉树（*Eucalyptus*）为广西最大木材来源树种（2011 年种植 2 500 万亩），为世界三大速生树种之一[62]。桉木具有不同尺度范围的有序多孔特殊解剖结构，通过适宜浸煮剂的预处理可以将浸填体组织去除，大幅度增加桉树木材内部结构的三维网络连通性。毛竹（*Phyllosachys pubescens*）是我国栽培面积最大的竹种（占全国竹林面积的 47%），广西 2010 年毛竹产量为 26 292.03 万根，位居全国第二[63]。竹炭垂直竹节生长方向的横截面上均匀地分布有大、中和微 3 种孔（80 μm、20 μm 和 0.2～2 μm）；因而竹炭拥有发达的微孔构造和较大的比表面积，具有较强的吸附能力、耐酸碱等优良的物理化学性能，可用作净水、除臭、调温调湿、改良土壤和电磁波屏蔽的材料。本研究选择上述两种植物作为材料制备的模板来源。

1.4.2 木质遗态材料

木质材料经历了长时间的自然选择和进化，从微观到宏观尺度上都表现出性能和结构的各向异性；它的细胞具有复杂的多孔结构，使得木材在低密度的同时具有高模量和强度，很好的韧性、弹性及抵抗破坏的能力[64]。与其他多孔结构的材料相比，木材输运养分的管胞具有连通的孔洞结构；与人造材料相比，木材具有非常复杂的层级解剖结构。木材的力学性能因孔洞的连通性而具有非常明显的各向异性[65]，以其为模板制备获得的材料更具耐用性和大比表面积。对木质植物模板改性的方法各异，但其目的均为利用植物模板自身精密结构，提高改性试剂的固有特性。表 1.1 为文献中一些木质材料改性方法及在应用方面的研究情况。

表 1.1 木质植物遗态结构材料的改性方法和应用研究现状

模板来源	改性材料或方法	应用途径	参考文献
问荆的叶和茎干	沸石	物质分离和催化	[82]
柳桉木材	硅树脂和铝合金熔液	未提及	[6]
柚木、竹	正硅酸乙酯	未提及	[56]
雪松木屑	氢氧化钠	Cd（Ⅱ）的吸附	[83]
柳木和杉木	氧化锌	H_2S 的吸附	[84]
木屑	甲醛	Cr（Ⅵ）的吸附	[85]
松木	氧化铝、二氧化钛和氧化锆	未提及	[86]
杨树木屑	硫酸	Cu（Ⅱ）的吸附	[87]
木屑	氢氧化钠	Cu（Ⅱ）的吸附	[88]
沙柳	十六烷基三甲基溴化铵	隔热剂和阻燃剂	[89]
橡树木屑	盐酸	Cu（Ⅱ），Ni（Ⅱ），Cr（Ⅵ）的吸附	[90]
杉木	硼酚醛	未提及	[91]
木屑	橙-13 活化	Cu（Ⅱ），Ni（Ⅱ），Zn（Ⅱ）的吸附	[92]
白杨木和松木	表面活性剂原位矿化	高效催化和分离工艺	[93]
棕榈	浓硫酸直接脱水	Cr（Ⅵ）的吸附	[94]
蔗渣	三氯化铁	P（Ⅴ）的吸附	[95]
印第安树皮	盐酸	Cu（Ⅱ）的吸附	[96]
杨木	钛酸四丁酯	未提及	[97]
软木粉	氯化钠、氢氧化钠、次氯酸钠、碘酸钠	Cu（Ⅱ）的吸附	[98]
棕榈枝	巯基乙酸	Pb（Ⅱ），Cu（Ⅱ）的吸附	[99]

1.4.3 其他合成材料

植物遗态结构复合材料的制备和应用方面，还有使用其他非木材模板的研究报道。在对 Cr 的吸附净化材料制备及应用研究中，有研究者利用橘皮、豆壳、甘蔗灰、坚果壳、椰子壳等农业废弃物为植物模板，采用浓硫酸碳化、氧化还原沉淀、氧化锌植入等改性方式制备出多种 Cr 元素吸附优势吸附剂，改性后产品较未改性产品的吸附率均可提高 1 倍以上[66–70]。对于如 Cu、Pb、Cd 及 Hg 等其他重金属/类重金属离子的吸附材料制备方面，有利用棉花进行氧化铝改性[71]、稻壳酒石酸及氢氧化钠改性[72,73]、木薯渣的巯基醋酸改性[74]、麦壳和花生壳的浓硫酸碳化[75−77]、香蕉髓和玉米棒子芯的硝酸和柠檬酸改性[78,79]、香蕉茎的甲醛改性、椰子壳的硫酸-过硫酸铵改性等报道[80,81]。

无机合成材料也是重金属吸附材料的制备方法研究热点之一。梁美娜等用沉淀法制备了 9 种复合铁铝氢氧化物吸附剂，对砷都有良好的吸附效果，当砷溶液初始浓度为 2 mg/L、pH 为 5～9 时，复合铁铝氢氧化物对砷的吸附量最大[100]。Leng 等将石墨粉末与浓 H_2SO_4/H_3PO_4 溶液混合后，用 $KMnO_4$ 及 H_2O_2 改性制备获得石墨烯粉末，研究表明材料对锑的吸附量为 7.463 mg/g，吸附后可用浓度为 0.1 mol/L 的 EDTA 溶液脱附[101]。Gupta 等将纳米碳管与磁性氧化铁结合生成复合材料（MWCNT），研究结果表明 MWCNT 对铬具有良好的吸附效果，但吸附受接触时间、搅拌速度和 pH 的影响[102]。徐光眉等研究了不同条件下石英砂负载氧化铁对水溶液中锑的去除效果，实验证实 pH 为重要影响因素，pH 在 3～9 范围内，锑的去除率可达 90%以上，Langmiur 等温吸附模型与二级动力学模型可以很好描述其吸附锑的实验结果[102]。Boujelben 等研究了 3 种载铁吸附剂（载铁沙粒、自然氧化铁颗粒和载铁砖砺）的除磷效果，结果表明载铁砖砺具有较高的比表面积，在 pH 为 5 时吸附效果最佳[103]。谢晶晶等研究了无定形氢氧化铁、赤铁矿和针铁矿对低浓度磷的吸附过程，结果表明无定形氢氧化铁的吸附量达到 5.5 mg/g、效果最佳，而赤铁矿对 P（Ⅴ）的吸附能力最弱[104]。

1.5 吸附机理研究现状

1.5.1 宏观过程机理研究

1.5.1.1 吸附过程的影响因素

在吸附过程中，主要影响因素为吸附时间、吸附温度、溶液初始浓度、溶液初始 pH、吸附剂投加量及吸附剂种类及粒径等[105]。

（1）吸附时间

吸附材料与目标物的接触时间是影响吸附的主要因素之一。由于吸附过程的复杂性，并非每种材料都能迅速达到平衡，需进一步对控制吸附反应速率机理进行深入研究[106]。吸附过程包括一个短时间的快速过程和慢速过程，快速过程一般只有几分钟，是扩散作用控制反应[107]，吸附时间对吸附的影响可以用动力学模型进行描述。

（2）吸附温度

吸附反应一般都是放热过程，低温有利于吸附过程的进行。温度对材料的吸附量有较大影响，但没有明显的倾向。温度变化可引起多个因素连锁变化，如升高温度会引起吸附过程会逐渐增强，温度变化还能改变水的电离常数和参比电极的电位等[108]。在吸附实验研究中，通常需要考虑温度的影响，用 Langmuir 等温模型、Freundlich 等温模型等对吸附过程进行描述。

（3）溶液初始浓度

待处理物的物理化学性质、浓度和溶解度等因素都会影响吸附效果。一般情况下，物质溶解度越低越容易被吸附；开始阶段吸附量随溶液初始浓度的增加而增加，但浓度增加到一定程度后，吸附量增加幅度变缓。对于有机物吸附质，其吸附反应随分子尺寸减小而增加。

（4）溶液初始 pH

pH 对吸附剂的表面特性、解离行为以及表面电荷等影响很大，如偏酸性的条件可导致吸附剂的溶解。此外 pH 也会影响溶液的化学组成，如溶液中吸附质的形态与 pH 密切相关[31]。

（5）吸附剂投加量

吸附剂的投加量并非越多越好，一方面是为了考虑经济适用性；另一方面，吸附剂过多，其表面电荷会形成互相排斥局面，不利于吸附初始阶段的物理吸附。因而很多学者在吸附剂应用之前均开展适宜吸附剂投加量的确定研究。

（6）吸附剂种类及粒径

吸附剂的种类和粒径对吸附效果影响很大。通常情况下，极性分子或离子型的吸附剂容易吸附极性分子或离子型的待处理物，非极性分子型的吸附剂容易吸附非极性分子的待处理物。吸附剂的比表面积、孔隙结构、颗粒大小及表面化学特性等对吸附效果影响很大。一般来说，吸附剂表面的带电性由零点电位决定，pH 的大小直接影响其表面带电，报道中，难以发现适宜所有 pH 范围内的表面带阳性电荷的吸附剂。日常所见吸附剂在中性或碱性溶液中呈电负性，易与阳离子完成物理吸附。

1.5.1.2　吸附等温线及热力学

吸附等温曲线是指在一定温度下吸附过程达到动态平衡时，平衡吸附量 q_e 与相应平衡浓度 C_e 的关系曲线。常见的吸附等温线理论模型有 3 类：Langmuir 模型、Freundlich 模型和 BET 模型[109]。本研究中，使用自定义曲线对等温曲线进行了描述，同时使用经典的 Langmuir 等温模型及 Freundlich 等温模型对吸附过程进行分析。

（1）Langmuir 等温模型

Langmuir 吸附等温模型假设：吸附剂表面的吸附过程为单分子层吸附；被吸附的分子间无作用力；吸附平衡为动态平衡，吸附和脱附速度相等；固体表面每个位置只能吸附一个分子，各位置吸附能力相同[110–112]。因此，通常适用于均匀溶液中同等活化能离子的吸附过程描述[113]。

Langmuir 吸附等温方程式为：

$$q_e=(q_m K_L C_e)/(1+K_L C_e) \tag{1.1}$$

平衡吸附量 q_e 和液相平衡浓度 C_e 的线性方程为：

$$C_e/q_e=1/(q_m K_L)+C_e/q_m \tag{1.2}$$

$$R_L=1/(1+K_L C_o) \tag{1.3}$$

式中：C_e 为吸附平衡时溶液浓度，mg/L；C_o 为溶液初始浓度，mg/L；q_e 为平衡时的吸附量，mg/g；K_L 为 Langmuir 吸附等温方程式系数，L/mg；q_m 为最大吸附量，mg/g；R_L 为 Langmuir 吸附平衡常数。

（2）Freundlich 等温模型

Freundlich 吸附等温方程是对 Langmuir 方程式进行修正后得出的一个常用的等温线经验公式[114]。

Freundlich 吸附等温方程式为：

$$q_e=K_F C_e^{1/n} \tag{1.4}$$

转化为线性方程为：

$$\ln q_e=\ln K_F+1/n\ln C_e \tag{1.5}$$

式中，K_F、n 为 Freundlich 吸附等温常数；q_e 为平衡时的吸附量，mg/g；C_e 为吸附平衡时溶液浓度，mg/L。

（3）吸附热力学分析

绘制不同温度下的吸附等温线，用经典模型进行模拟辅助计算自由能变化（ΔG）、焓变（ΔH）及熵变（ΔS）等多个反应的热力学参数，利于理解吸附热力学机理。本研究中，在不同的反应温度下，设定不同的污染物初始浓度，使用相同投加量的吸附剂开展吸附实验，测定吸附平衡后溶液的剩余目标元素浓度，依照 Van't Hoff 方程等基本方法进行热力学参数的计算[115–117]，如式（1.6）和式（1.7）所示。

$$K_L=q_e/C_e \tag{1.6}$$

$$\Delta G=-RT\ln K_L=\Delta H-T\Delta S \tag{1.7}$$

式中，R 为理想气体常数，取值 8.314 5 J/mol；T（K）为绝对温度；K_L 为吸附过程完全平衡常数，m^3/mol；ΔG 为自由能变化，kJ/mol；ΔH 为焓变，kJ/mol；ΔS 为熵变，kJ/（mol·K）。

当吸附过程符合 Langmuir 等温模型的时候，可以用 Langmuir 方程式系数来完全替代吸附完全平衡常数[118]，因此，容易算出每个温度下吸附反应过程的 ΔG。以 ΔG 对 T 作图，根据式（1.7）进行线性回归分析求出斜率和截距，即可求出吸附过程热力学参数 ΔH 和 ΔS。

1.5.1.3 吸附动力学

吸附动力学特性研究可以通过控制吸附条件来提高吸附反应速度，找出最佳的操作条件和设计参数，对实际工程具有重大的指导意义。有研究认为吸附过程基本上可以分为 3 个连续的阶段[119]：①膜扩散阶段，吸附质通过水膜面扩散到达吸附剂表面；②孔隙扩散阶段，吸附质在吸附剂孔隙中继续向吸附点扩散；③吸附反应阶段，在吸附剂内表面的吸附质发生吸附的过程。具体过程因吸附剂性质、溶液性质、目标元素性质不同而不同。

本研究涉及的主要吸附动力学模型包括：准一级动力学模型、准二级动力学模型、Elovich 方程和颗粒内扩散反应动力学模型等[120−122]。

准一级动力学模型表达式：

$$\ln(q_e-q_t)=\ln q_e-K_1 t \tag{1.8}$$

准二级动力学模型表达式：

$$t/q_t=1/(K_2q_e^2)+t/q_e \tag{1.9}$$

Elovich 方程表达式：

$$q_t=A+K_t\ln t \tag{1.10}$$

颗粒内扩散反应动力学模型简化表达式：

$$q_t=K_3t^{1/2}+C \tag{1.11}$$

式中，q_e、q_t 分别为吸附平衡时及 t 时间的吸附量，mg/g；K_1 为准一级动力学速率常数，min^{-1}；K_2 为准二级动力学速率常数，$g\cdot mg^{-1}\cdot min^{-1}$；$K_3$ 为颗粒内扩散速率常数，$mg\cdot g^{-1}\cdot min^{-1/2}$；$A$、$K_t$ 和 C 为常数。

1.5.2 微观过程机理研究

对吸附过程进行全面阐述，需对反应溶液体系中目标组分存在的形态进行准确表征，联合吸附剂固相表面吸附前后的目标元素存在分析方可厘清其物理吸附、化学吸附、离子交换等微观过程机理。研究中，对吸附前后溶液进行 pH、Eh 及目标元素浓度变化，使用 PHREEQC 程序可计算获得各种平衡状态下，目标元素可能存在的离子形态，用于后续微观反应过程的推测。

在固相表面元素分析及氧化还原机理研究过程中，很多学者利用扫描电镜（SEM）、能谱仪（EDS）、傅里叶变换红外光谱仪（FT-IR）、X 射线衍射仪（XRD）、比表面及孔隙度分析仪、化学组分分析、Zeta 电位测定及 X 射线光电子能谱仪（XPS）等技术手段对吸附前后的固相进行表征，找出推断的微观吸附过程机理的证据。

1.6 本书的研究意义、目的和内容

1.6.1 研究意义和目的

水污染治理技术研究关乎民生和社会经济发展。广西有着丰富的桉树和毛竹资源，目前造纸等传统产业对其的利用主要集中在主干材部分，而对其根部、分枝等部分的利用通常为燃烧回收热能。如果对其进行改性制备获取吸附新材料，并应用于水体污染控制，则可有效提高其利用率，并对水环境保护有积极的意义。

本研究利用毛竹、桉木为植物模板，通过人工控制制备获取植物遗态 $Fe_2O_3/Fe_3O_4/C$ 复合材料（Porous Biomorph-Genetic Composite of α-$Fe_2O_3/Fe_3O_4/C$，PBGC-Fe/C），选择 Cr（Ⅵ）、As（Ⅴ）和 P（Ⅴ）等为目标污染物，研究 PBGC-Fe/C 对其的吸附特性，获取因素影响数据、给出科学的吸附反应过程关键参数，佐证吸附过程推断，分析其吸附行为机制，结合吸附前后材料多种表征，计算探讨并揭示该吸附过程的物理吸附过程、固相表面络合机理、水相氧化还原机理和离子交换机理，为植物遗态结构吸附材料在水污染控制应用方面提供科学依据。

1.6.2 研究路线及内容

本书主要研究以桉木和毛竹为植物模板制备的新材料 PBGC-Fe/C-B（Porous Biomorph-Genetic Composite of α-$Fe_2O_3/Fe_3O_4/C$ by Eucalyptus Template）和 PBGC-Fe/C-E（Porous Biomorph-Genetic Composite of α-$Fe_2O_3/Fe_3O_4/C$ by Bamboo Template）吸附 Cr（Ⅵ）、As（Ⅴ）和 P（Ⅴ）的过程机制。研究路线如图 1.1 所示。

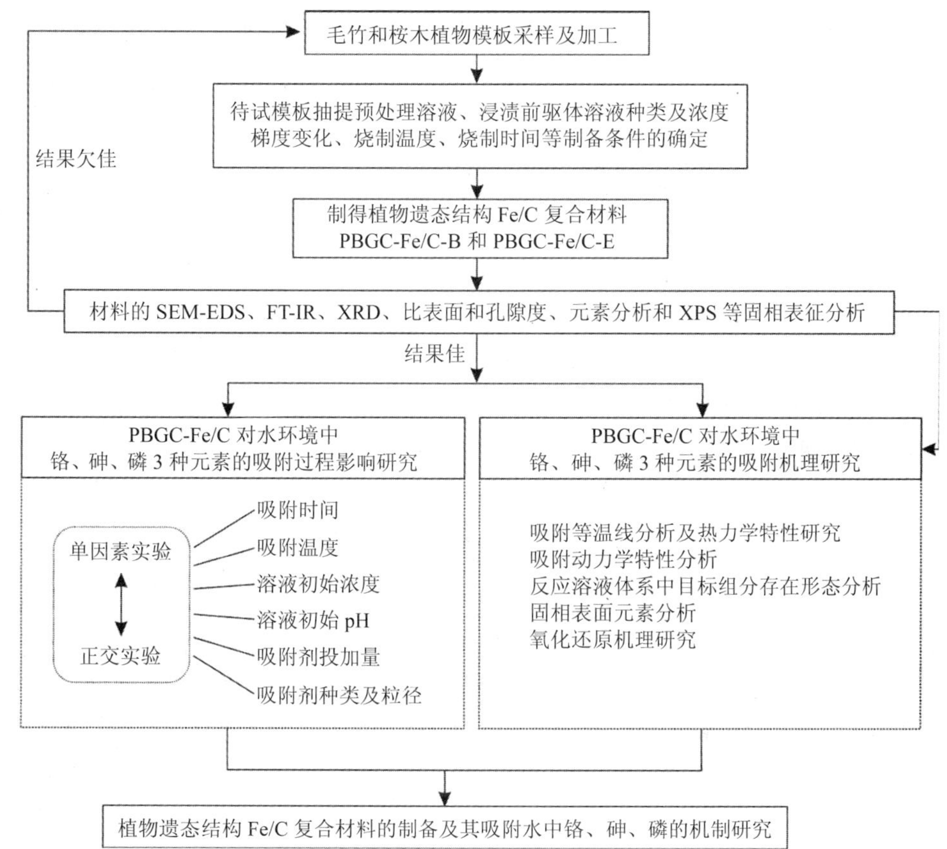

图 1.1 研究技术路线

具体的研究内容如下：

（1）PBGC-Fe/C 的制备及表征。选用毛竹、桉木为植物模板制备获取 PBGC-Fe/C，并对其制备工艺进行优化探讨；采用扫描电镜——能谱仪、傅里叶变换红外光谱仪、X 射线衍射仪、比表面及孔隙度分析仪、元素分析仪、Zeta 电位分析仪等技术手段分别对 PBGC-Fe/C 的形貌、物相、元素分布、比表面积、孔径、Zeta 电位、零点电位和元素组成等进行表征研究。

（2）吸附过程影响实验研究。以吸附时间、吸附温度、溶液初始质量浓度、溶液初始 pH、吸附剂投加量、吸附剂种类及粒径等为吸附过程影响因素，开展单因素实验，考察 PBGC-Fe/C 对分别含有 Cr（Ⅵ）、As（Ⅴ）和 P（Ⅴ）模拟废水的吸附效果，考虑因素之间的影响，引入正交实验分析各选定影响因子对吸附过程的影响大小，寻求优化工艺组合。

（3）吸附过程机理研究。以吸附过程影响实验研究为基础，选用自定义方程对曲线进行拟合，应用 Langmuir 等温模型、Freundlich 等温模型对静态吸附数据进行拟合，并对其热力学特性进行分析；选择准一级动力学模型、准二级动力学模型、Morris 颗粒内扩散反应动力学模型以及 Elovich 动力学模型对实验过程进行拟合研究；测定不同浓度溶液吸附前后的 pH、Eh 及目标元素剩余浓度，利用 PHREEQC 程序计算获得平衡状态溶液中离子形态分布情况；使用 SEM-EDS、FT-IR、XRD 和 XPS 对吸附前后的吸附剂进行固相表面元素及其形态分布特征分析，从而阐明其吸附过程机制。

第 2 章　实验材料与方法

2.1　实验材料与试剂

本研究选用的桉木和毛竹材料均为造纸等农林产业的下脚料，经过干燥后切割为约 30 mm×10 mm×3 mm 尺寸的块体，以此为植物模板，经遗传转化工艺控制获取研究目标材料 PBGC-Fe/C。因原始模板的不同，其结构有所不同，下属两个系列材料为毛竹遗态结构 Fe/C 复合材料（PBGC-Fe/C-B）、桉木遗态结构 Fe/C 复合材料（PBGC-Fe/C-E）。

所用的主要设备及仪器如表 2.1 所示，所用的主要化学药品与试剂如表 2.2 所示。

表 2.1　主要设备和仪器

设备名称	型号/生产厂家
比表面及孔隙度分析仪	NOVAe1000，美国康塔仪器公司
扫描电子显微镜	JSM-6380 LV，日本电子株式会社
能谱仪	IE350，英国牛津仪器公司
X 射线光电子能谱仪	ESCALAB Mark II，英国 VG 科学仪器公司
X 射线衍射仪	X'Pert PRO，荷兰帕纳科公司
傅里叶变换红外光谱仪	470 FT-IR，美国热电尼高力公司
元素分析仪	EA2400 II，美国铂金埃尔默有限责任公司
百万分之一天平	XP6，瑞士柯特莫力-托利多仪器公司
Zeta 电位分析仪	Zetasizer Nano ZS90，英国马尔文仪器公司
原子吸收光谱仪	AAnalyst700，美国铂金埃尔默有限责任公司

设备名称	型号/生产厂家
电感耦合等离子发射光谱仪	Optima 7000DV，美国铂金埃尔默有限责任公司
离子色谱仪	ICS-2100，美国戴安有限公司
原子荧光形态分析系统	SA-20，北京吉天仪器有限公司
紫外分光光度计	UV2100，尤尼柯（上海）仪器有限公司
可见分光光度计	VIS-7220N，北京北分瑞利分析仪器有限责任公司
超纯水器	UPW-40NE，北京历元电子仪器技贸公司
水浴恒温振荡器	SHZ-B，上海博讯实业有限公司
电热鼓风箱	GZX-9240MBE，上海博讯实业有限公司
精密分析天平	AR224CN，上海奥豪斯仪器有限公司
粉碎机	FS，上海嘉定粮油检测仪器厂
真空管式马弗炉	RS120/750/11/P300，德国纳博热仪器公司
马弗炉	SX2-5-12，上海沪越实验仪器有限公司

表 2.2 主要化学药品与试剂

名称	纯度/生产厂家
氨水	分析纯/西陇化工股份有限公司
硝酸铁	分析纯/西陇化工股份有限公司
重铬酸钾	优级纯/天津光复科技发展有限公司
二苯碳酰二肼	分析纯/天津市光复精细化工研究所
磷酸	优级纯/国药集团化学试剂有限公司
丙酮	分析纯/西陇化工股份有限公司
硫酸	优级纯/广东省精细化学品工程技术研究开发中心
盐酸	优级纯/广东省精细化学品工程技术研究开发中心
氢氧化钠	分析纯/西陇化工股份有限公司
砷酸钠	分析纯/西陇化工股份有限公司
氧化镁	光谱纯/国药集团化学试剂有限公司
硝酸	优级纯/广东省精细化学品工程技术研究开发中心
钯粉	光谱纯/国药集团化学试剂有限公司
磷酸二氢钾	分析纯/广州新成化工厂
抗坏血酸	分析纯/西陇化工股份有限公司
钼酸铵	分析纯/国药集团化学试剂有限公司
酒石酸锑钾	分析纯/南化化学试剂厂

2.2 PBGC-Fe/C 的制备与表征

2.2.1 材料的制备方法

研究分别选用毛竹、桉木为植物模板，以稀氨水为浸煮剂，硝酸铁为前驱体溶液，通过人工控制的制备工艺分别合成具有天然植物结构形态的 PBGC-Fe/C-B 和 PBGC-Fe/C-E，其中为保证 Fe 改性的有效性和植物遗态结构的有效保留，在浸煮剂、前驱体溶液的浓度选择、重复操作次数、烧制的温度和时间上均有所要求。

2.2.2 材料的表征方法

2.2.2.1 元素组成

元素分析仪是利用纯氧气将样品燃烧氧化，转变为元素单一的气体，并将这单一气体作为热导率的函数来测量，结合精密称量仪器可快速准确地测定样品中 C、H、N、S 和 O 的含量。

本实验采用美国铂金埃尔默有限责任公司 EA2400 II 型元素分析仪配用瑞士梅特勒托利多仪器公司的 XP6 型百万分之一天平对 PBGC-Fe/C 系列样品（粒径≤100 目）中 C、H、N、S 和 O 的含量进行测定，以确定其化学组分。样品进样重量不超过 0.4 μg，使用锡皿法连续进样处理，用梅特勒百万分之一天平测定质量，高纯氩气和氧气分别做空白，胱氨酸做标准及 k 因子，每个样品重复 5 次。

2.2.2.2 扫描电镜-能谱

扫描电子显微镜（SEM）主要依据电子与目标物质的相互作用，获取被测样品的各种物理、化学性质的信息。该方法可以用来分析样品的各种固相物理、化学性质信息，如形貌、组成及内部电场等，具有分辨率高，放大倍率范围大，景深大，制样简便，综合分析性能较好等特点[123]。其与 X 射线能谱仪联用，可利用光电效应测出光电子的动能及其数量的关系，判断样品表面目标元素百分含量及分布情况。

本实验采用日本产 JSM-6380 LV 型扫描电子显微镜和英国产 IE350 型能谱仪联用对吸附前后的 PBGC-Fe/C 系列块状样品进行自动化检测，获取其相貌特征、表面构型及材料表面各元素的百分含量和分布情况。扫描电子显微镜的测试正常加速电压为 20 kV，最大取 30 kV，为增加其导电性，测试前将块状样品放于特制样品架上，进行喷金或喷碳处理；样品进行能谱仪测试前需过液氮处理。

2.2.2.3 傅里叶变换红外光谱

当样品受到频率连续变化的红外光照射时，分子吸收了某些频率的辐射，并由其振动或转动引起偶极矩的净变化，产生分子振动和转动，能级从基态到激发态的跃迁，使相应于这些区域的透射光强度减弱。记录红外光的百分透射比与波数或波长关系的曲线，就得到傅里叶变换红外光谱[124,125]。

本实验采用美国热电尼高力公司的 470FT-IR 型红外吸收光谱仪对吸附前后的 PBGC-Fe/C 系列样品进行表征，获取样品表面官能团的相关信息分析，从吸附前后表征对照可以获取吸附前后材料表面官能团所发生的变化。样品用 KBr 压片法制样，即将少许（0.05 g 左右）干燥粉末状的 PBGC-Fe/C 样品（粒径≤100 目）与高纯 KBr（0.1 g 左右）混合，并在玛瑙研钵里充分研磨，所得混合物置于模具中通过油压机压成透明圆片用于测定。记录 400～4 000 cm^{-1} 范围内的红外光谱，光谱分辨率为 1 cm^{-1}，扫描次数为 60 次。

2.2.2.4 X 射线衍射仪分析

X 射线衍射（XRD）是由大量原子参与的一种散射现象。布拉格方程 $2d\sin\theta = n\lambda$ 是晶体 X 射线衍射的基本方程，式中 θ 为衍射角，d 为晶面间距，λ 为 X 射线波长，n 为衍射级数。利用已知波长的特征 X 射线，通过测量 θ 角可算出晶面间距，可用于结构分析[126,127]。

本实验采用荷兰帕纳科公司 X'Pert PRO 型 X 射线衍射仪对吸附前后的 PBGC-Fe/C 系列样品进行测试。通过吸附前后样品的表征，可以获取吸附前后材料物质组分的变化，从而指导反应机理研究。测试条件设置为放射源为 Cu 靶（λ=0.154 06 nm），工作电压为 40 kV，电流为 40 mA。以 1-1-0.1 作狭缝，对吸附剂样品进行广角度范围（2θ=10°～80°）的 XRD 分析。扫描速率为 0.02°/0.3 s。

2.2.2.5 X 光电子能谱

X 光电子能谱分析（XPS）适用于固体样品表面元素的组成分析、价态和化学结构分析，也可测量电子结合能。常用于纳米薄膜材料、微电子材料、催化剂、摩擦化学、高分子材料的表面和界面研究。

本实验采用英国 VG 科学仪器公司 ESCALAB Mark II 型 X 光电子能谱仪对吸附前后 PBGC-Fe/C 系列样品进行测试，通过吸附前后样品的表征，可以获取吸附前后材料物质组分的变化，目标元素价态变化，从而指导反应机理研究。测试前对样品进行压片处理，测试条件为：阳极为镁，Mg 靶 Ka 射线作 X-射线光源（MgKa=1 253.6 eV，线宽 0.7 eV），真空室压力为 6.2×10^{-6} Pa。完成吸附前后的全谱扫描及 C 1s（276～290 eV）、O 1s（522～536 eV）、Fe 2p（700～735 eV）、Fe 3p（46～75 eV）、P 2p（122～138 eV）和 Cr 2p（565～590 eV）的高解析扫描谱图，其中 As 2p 与 O 1s 重复，难以分离出峰，故无法测出，以 As 5 d 轨道分谱辅助分析。所有键能都以 C 1s（284.6 eV）为基准。

2.2.2.6 比表面及孔隙度

比表面积是指单位质量的固体物质所具有的表面积，即每克固体物质的总表面积，单位常用 m^2/g 表示。比表面积是粉体材料，特别是超细粉末和纳米粉体材料的重要特征之一。

本实验采用 NOVAe1000 型（美国康塔仪器公司）比表面及孔隙度分析仪对经过粉末处理的 PBGC-Fe/C 系列样品（粒径≤100 目）进行比表面及孔隙分布检测。

2.2.2.7 Zeta 电位

当固体与液体接触时，固体表面的荷电现象在自然界中普遍存在。由于带电固体微粒会吸引溶液分散系中带相反电荷的粒子，离颗粒表面近的离子易于被强烈束缚，而距离较远的离子易于形成松散的电子云，从而导致固-液界面的液体一侧带有相反电荷，该界面电荷影响其周围的离子分布，与界面电荷符号相反的离子由于静电引力被吸向界面，而符号相同的离子则被排离界面。同时，由于离子的热运动又使它们有均匀混合的趋势，因此在带电界面上形成一个扩散双电层。所有的动电现象都与固体颗粒/介质表面形成的双电层有关。固体细颗粒在溶液中的动电性质，对研究无机、有机物在固/液界面的吸附机制有很重要的作用。

本实验采用英国马尔文仪器公司的 Zetasizer Nano ZS90 型 Zeta 电位分析仪对样品进行 Zeta 电位测定。准确称取 0.01 g 粒径≤100 目的 PBGC-Fe/C 置于 100 mL 的锥形瓶中，加入 50 mL 超纯水，超声分散 30 min 后上仪器直接测定悬浮液的 Zeta 电位。

2.3 PBGC-Fe/C 吸附过程的影响因素研究

2.3.1 吸附时间

以 0.5 g 粒径小于 100 目的 PBGC-Fe/C 为吸附剂，配制 50 mL 模拟废水为待处理溶液，浓度分别控制为 2 mg/L、10 mg/L 和 50 mg/L（Cr）；5 mg/L、10 mg/L 和 50 mg/L（As）；2 mg/L、5 mg/L 和 10 mg/L（P）。一并装入系列编号的 100 mL 塑料离心管中，用稀 HNO_3 溶液与稀 NaOH 溶液将 pH 调节为各目标元素吸附适宜值，加盖密封，于 25°C、150r/min 条件下水浴恒温振荡，每隔一定时间（5 min、10 min、15 min、20 min、30 min、60 min、120 min、180 min、240 min、300 min、360 min、420 min、480 min、540 min、720 min、1 080 min 和 1 440 min）将样品取出分析溶液中残余目标元素质量浓度，以考察吸附时间对吸附效果的影响，同时为动力学研究提供基础实验数据。

2.3.2 吸附温度

以 0.5 g 粒径小于 100 目的 PBGC-Fe/C 为吸附剂，配制一系列 50 mL 不同已知初始浓度的目标元素模拟废水为待处理溶液，一并装入系列编号的 100 mL 塑料离心管中，用稀 HNO_3 溶液与稀 NaOH 溶液将 pH 调节为各目标元素吸附适宜值，充分混合后加盖密封，控制反应温度为 25℃、35℃和 45℃恒温水浴振荡器中进行振荡（振荡速率为 150 r/min）吸附至平衡，以考察温度对吸附效果的影响，同时为等温模型分析提供基础实验数据。

2.3.3 溶液初始浓度

以 0.5 g 粒径小于 100 目的 PBGC-Fe/C 为吸附剂，配制一系列 50 mL 不同已知初始浓度的目标元素模拟废水为待处理溶液，一并装入系列编号的 100 mL 塑料离心管中，用稀 HNO_3 溶液与稀 NaOH 溶液将 pH 调节为各目标元素吸附适宜值，控制吸附温度分别为 25℃、35℃和 45℃条件下恒温水浴振荡（振荡速率为 150 r/min）24 h，取出试样过 0.22 μm 滤膜后测定滤液中残余的目标元素质量浓度。

2.3.4 溶液初始 pH

以 0.5 g 粒径小于 100 目的 PBGC-Fe/C 为吸附剂，配制 50 mL 模拟废水为待处理溶液，浓度分别控制为 2 mg/L、10 mg/L 和 50 mg/L（Cr）；5 mg/L、10 mg/L 和 50 mg/L（As）；2 mg/L、5 mg/L 和 10 mg/L（P）。一并装入系列编号的 100 mL 塑料离心管中，用稀 HNO_3 溶液与稀 NaOH 溶液将 pH 调节为 1、2、3、4、5、6、7、8、9、10、11 和 12（部分元素溶液 pH 达到 10 即出现沉淀），加盖密封于 25℃的恒温水浴振荡器中进行振荡，振荡频率设定为 150 r/min，待吸附达到平衡后将样品取出过 0.22 μm 滤膜，测定滤液残余的目标元素质量浓度，以考察溶液初始 pH 对吸附效果的影响。

2.3.5 吸附剂投加量

配制 50 mL 模拟废水为待处理溶液，浓度分别控制为 2 mg/L、10 mg/L 和 50 mg/L（Cr）；5 mg/L、10 mg/L 和 50 mg/L（As）；2 mg/L、5 mg/L 和 10 mg/L（P）。分别投入 0.1 g、0.2 g、0.3 g、0.4 g、0.5 g、0.6 g、0.7 g、0.8 g、0.9 g 和 1.0 g PBGC-Fe/C 吸附剂（一并装入系列编号的 100 mL 塑料离心管），用稀 HNO_3 溶液与稀 NaOH 溶液将 pH 调节为各目标元素适宜值，于恒温水浴振荡器中进行 25℃恒温振荡，振荡频率取 150 r/min，待吸附达到平衡后将样品取出过 0.22 μm 滤膜，测定滤液中目标元素浓度，以考察吸附剂投加量对吸附效果的影响。

2.3.6 吸附剂种类及粒径

投入 0.5 g PBGC-Fe/C 吸附剂至已配制的 50 mL 不同初始浓度模拟废水中开

展吸附实验，浓度分别控制为：2 mg/L、10 mg/L 和 50 mg/L（Cr）；5 mg/L、10 mg/L 和 50 mg/L（As）；2 mg/L、5 mg/L 和 10 mg/L（P）；pH 为前期实验获取适宜值；吸附剂粒径大小选择为：≤100 目、80～100 目、60～80 目、40～60 目、20～40 目、块状未经研磨。

同时选用≤100 目的竹炭粉末、桉木炭粉末以及 Fe_2O_3 粉末为对比吸附剂，用稀 HNO_3 溶液与稀 NaOH 溶液将 pH 调节为各目标元素实验值，于恒温水浴振荡器中进行 25℃恒温振荡，振荡频率取 150 r/min，待吸附达到平衡后将样品取出，过 0.22 μm 滤膜，测定滤液中目标元素浓度，以考察不同吸附剂及不同粒径对吸附效果的影响。

2.3.7 正交实验分析

以吸附时间、吸附温度、溶液初始浓度、溶液初始 pH、吸附剂投加量及吸附剂粒径为影响因素，以研究所选取的铬、砷和磷 3 种目标元素的去除率作为考察指标，选用 L_{18}（3^7）正交实验安排表分别安排 PBGC-Fe/C 两个种类吸附剂的吸附实验批次因素、水平展开实验，引入 Latin 软件分析极差 R 和方差，寻求优化工艺组合，并判断实验的显著性，优化 PBGC-Fe/C-B 和 PBGC-Fe/C-E 的吸附条件。

2.4 PBGC-Fe/C 的吸附机理研究

2.4.1 吸附等温线及热力学

以吸附过程影响实验研究为基础，选择吸附效果最好的 pH 环境，分别配制序列初始目标元素浓度梯度的 50 mL 的溶液，投加 0.5 g 粒径小于 100 目的 PBGC-Fe/C 作为吸附剂，充分混合后加盖密封，分别置于温度为 25℃、35℃和 45℃恒温水浴振荡器中进行振荡吸附至达到平衡，测定各组滤液的目标元素剩余浓度。使用自定义函数对其进行曲线模拟分析，与 Langmuir 等温线和 Freundlich 等温线类似地对静态吸附数据开展拟合分析，同时，对吸附过程进行热力学参数的计算，对其特性进行分析。

2.4.2　吸附动力学

以吸附时间对吸附过程影响的实验数据为参考，选择吸附效果最好的 pH 环境，分别配制序列初始目标元素浓度梯度的 50 mL 的溶液，投加 0.5 g 粒径小于 100 目的 PBGC-Fe/C 作为吸附剂，充分混合后加盖密封，在吸附温度为 25℃条件下恒温水浴振荡，定时取样，取样时间分别为 5 min、10 min、15 min、20 min、30 min、60 min、120 min、180 min、240 min、300 min、360 min、420 min、480 min、540 min、720 min、1 080 min 和 1 440 min，取出水样经过滤后，测定其目标元素的剩余浓度，选择准一级动力学模型、准二级动力学模型、Morris 颗粒内扩散反应动力学模型以及 Elovich 动力学模型对实验过程进行拟合研究。

2.4.3　反应溶液体系中目标组分存在形态

为提供 PBGC-Fe/C 对水环境中 Cr（Ⅵ）、As（Ⅴ）和 P（Ⅴ）吸附过程推断提供科学证据，配制不同序列浓度目标元素溶液，在 pH 为 1、2、3、4、5、6、7、8、9 和 10 的条件下，投加 0.5 g 粒径小于 100 目的 PBGC-Fe/C 作为吸附剂，充分混合后加盖密封，室温下吸附至平衡。测定各组中溶液吸附前后的 pH、Eh 及目标元素浓度。Parkhurst 等学者于 1995 年发布了用 C 语言编写的 PHREEQC 程序，解决了几乎所有有关组分数、液相组分形态、溶解、相态、交换作用和表面络合作用方面的限制[128]。本研究利用 PHREEQC 程序，对吸附前后溶液离子浓度进行模拟计算，获取平衡溶液中各种目标组分形态分布情况。

2.4.4　固相表征

使用 SEM-EDS、FT-IR、XRD 和 XPS 对吸附前后的吸附剂进行固相表面元素及其形态分布特征分析，获取参与离子交换反应的主要官能团、固相表面基团及离子电子跃迁状态、离子价态变化的可能性，结合前面实验内容获取的数据结果，推断得到吸附的化学反应路径，获取系列反应式组，从而科学阐明其吸附过程机制。

2.4.5 吸附历程分析

结合 PBGC-Fe/C 对目标元素的吸附过程影响结果及通过等温线、热力学、动力学、反应体系溶液中各种离子存在状态、反应体系固相表面元素分布和氧化还原、离子交换过程的推测结果，获取吸附历程模型。

2.5 分析方法

2.5.1 溶液中组分分析

2.5.1.1 Cr（Ⅵ）

Cr（Ⅵ）与二苯碳酰二肼在酸性条件下反应生成稳定的紫红色络合物，故可通过可见分光光度计测定 Cr（Ⅵ）的吸光度[129]。吸附后水样经过滤，用二苯碳酰二肼分光光度法测定滤液剩余 Cr（Ⅵ）含量，全程以超纯水代替水样作空白测定。

吸取 0 mL、0.2 mL、0.5 mL、1 mL、2 mL、4 mL、6 mL、8 mL 和 10 mL Cr（Ⅵ）标准使用液（1 mg/L），加到 9 支 50 mL 比色管中，用超纯水稀释至刻度；向比色管依次加入 0.5 mL（1+1）硫酸和 0.5 mL（1+1）磷酸溶液并摇匀；再加入 2 mL 显色剂并立即摇匀。静置显色 5～10 min 后，以试剂空白作对比，用 1 cm 比色皿在 540 nm 波长处测定吸光度值。以 Cr（Ⅵ）含量（μg）为横坐标，吸光度值（*A*）为纵坐标，绘制 Cr（Ⅵ）标准曲线，求得回归方程。待测样品经过同样处理，测出水样的吸光度减去空白吸光度后，由标准曲线的回归方程求得 Cr（Ⅵ）含量。

2.5.1.2 As（Ⅴ）

采用石墨炉原子吸收法测定水样中 As（Ⅴ）的质量浓度。

石墨炉操作条件：石墨管选用 PE 热解涂层石墨管，砷无极放电灯为发射光源（PE 公司），载气为氩气，读数方式为峰面积吸光度，灯电流为 380 mA，检测波长为 193.7 nm，狭缝宽度为 0.7 nm，0.2% HNO_3 进样量为 20 μL，基体改进剂选用 5 g/L 的 $Mg(NO_3)_2$ 溶液和 7.5 g/L 的 $Pd(NO_3)_2$ 溶液（进样量分别为 2 μL 和 1 μL），升温程序如表 2.3 所示。

表 2.3　石墨炉测定 As（Ⅴ）的升温控制程序

步骤	温度/℃	升温时间/s	保留时间/s	内部气体流量/（mL/min）
干燥（1）	100	5	20	250
干燥（2）	140	15	15	250
灰化	1 300	10	20	250
原子化	2 300	0	5	0
净化	2 600	1	3	250

选用 1 mg/L 的砷中间液和 0.2% HNO_3 溶液进行标准溶液的配制，序列浓度为 0 μg/L、5 μg/L、10 μg/L、20 μg/L、30 μg/L、40 μg/L 和 50 μg/L。在波长 193.7 nm 条件下，经 0.2% HNO_3 调零后，由低浓度到高浓度依次测定 As（Ⅴ）标准溶液的吸光度，然后以吸光度（*A*）为纵坐标，As（Ⅴ）浓度（μg/L）为横坐标，绘制 As（Ⅴ）的标准曲线，求得标准曲线线性方程。以同样方法制备待测样品，获得待测样品吸光度，代入标准曲线线性方程即可求得待测溶液 As（Ⅴ）的浓度。

2.5.1.3　P（Ⅴ）

采用钼酸铵分光光度法测定水中的 P（Ⅴ）[48]。在酸性条件下，以酒石酸锑钾为催化剂，正磷酸盐与钼酸铵反应生成的磷钼杂多酸很快被抗坏血酸还原，生成蓝色络合物，借助可见分光光度计测定 P（Ⅴ）的吸光度，求出水中 P（Ⅴ）的质量浓度。

吸取 0 mL、0.5 mL、1 mL、3 mL、5 mL、10 mL 和 15 mL 磷标准使用液（2 mg/L）到 7 支 50 mL 比色管中，加超纯水稀释至刻度。向比色管中加入 1 mL 抗坏血酸并混匀，30 s 后加入 2 mL 钼酸盐溶液并充分混匀。静置显色 15 min 后，以试剂空白作对比，用 1 cm 比色皿于 700 nm 波长处测量吸光度值。以 P（Ⅴ）含量（μg）为横坐标，吸光度值（*A*）为纵坐标，绘制 P（Ⅴ）标准曲线，求得标准曲线线性方程。同样方法制备待测水样，测得待测水样的吸光度减去空白吸光度后，由标准曲线的回归方程求得 P（Ⅴ）的含量。

2.5.2 数据统计分析

2.5.2.1 吸附效率的计算

根据质量守恒原理，用吸附浓度差与初始浓度的比值计算 PBGC-Fe/C 两个种类吸附剂分别对 As（Ⅴ）、Cr（Ⅵ）和 P（Ⅴ）的吸附率。吸附率计算公式为：

$$Q=\frac{C_0-C}{C_0}\times 100\% \tag{2.1}$$

式中，Q 为 PBGC-Fe/C 对目标物的吸附率，%；C_0 为吸附前溶液中目标物的浓度，mg/L；C 为吸附后溶液中目标物的浓度，mg/L。

2.5.2.2 单位吸附量的计算

依据吸附前后的浓度差计算 PBGC-Fe/C 两个种类吸附剂分别对 As（Ⅴ）、Cr（Ⅵ）和 P（Ⅴ）的吸附量，吸附量计算公式：

$$q_n=（C_0-C）V/m \tag{2.2}$$

式中，q_n 为单位质量 PBGC-Fe/C 吸附目标物的量，mg/g；C_0 为吸附前溶液中目标物的浓度，mg/L；C 为吸附后溶液中目标物的浓度，mg/L；V 为模拟废水体积，mL；m 为 PBGC-Fe/C 的质量，g。

2.5.2.3 正交实验分析

选取吸附温度、吸附时间、溶液初始浓度、溶液初始 pH、吸附剂投加量、吸附剂种类及粒径等为考察因素，各取 3 个水平，考察指标为溶液中目标元素的去除率。选用 $L_{18}（3^7）$ 正交表开展正交实验安排，结果进行极差分析，估计实验过程及实验结果测定中必然存在的误差大小，引入方差分析，以目标元素的去除率为影响指标，对实验结果进行显著性分析。

第 3 章　PBGC-Fe/C 的制备及表征

3.1　PBGC-Fe/C 的制备

3.1.1　制备方法的选取

毛竹杆材的组成包括 3 大部分："竹皮"系统（表皮、下皮、皮层）、基本系统（基本组织、髓环和髓）和维管系统[130]。桉树木材的组成细胞有 4 种：导管、纤维、轴向薄壁细胞和木射线。导管是由一连串轴向细胞末端和末端顺纹相连而成的管状组织，其主要功能是输导，导管末端壁是以无隔膜的孔洞相通。导管以圆柱形为主，导管分子平均弦向直径为 50～100 μm。厚壁的纤维主要起机械支持作用，也能够输导水分；薄壁细胞主要有轴向薄壁细胞、分泌薄壁细胞和木射线 3 类。本研究主要利用其基本系统及维管系统中的梯纹导管、环纹孔、螺纹导管和纤维管、纤维管壁上纹孔等多孔结构，其立体结构示意如图 3.1 所示。

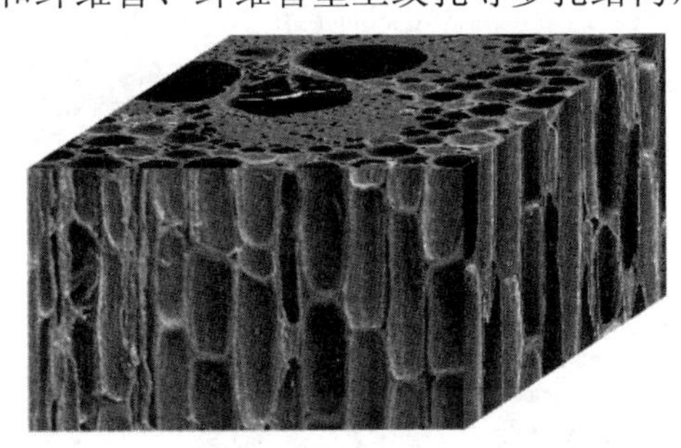

碳化毛竹

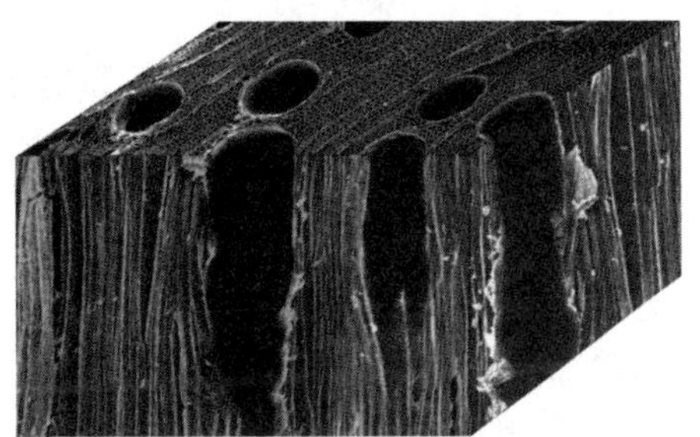

碳化桉木

图 3.1　PBGC-Fe/C 制备原材料立体结构示意

在毛竹杆茎及桉树木材的径向纤维管壁上都有一类相同的结构——纹孔，它的形成是由于细胞初生壁形成时，初生壁上具有一些中断的部分，这些部分也就是初生壁完全不被次生壁覆盖的区域，即纹孔。相邻两个细胞壁上的纹孔往往相互衔接，形成纹孔对（图 3.2）。纹孔对中间的胞间层和两侧的初生壁，合称纹孔膜。纹孔的存在为径向细胞之间提供了水分和其他物质的输导通道，也为杆材三维网络连通性的提高发挥着关键作用。但由于纹孔中纹孔膜和纹孔塞等组织的存在，决定了纹孔并非一类天然的开孔结构。纹孔膜和纹孔塞的存在不利于发挥木材分级多孔结构的网络连通性，从而影响遗态转化工艺的进行及所得产物的多孔结构连通性[130–133]。同时，毛竹杆茎和桉树木材中还常含有堵塞导管孔的侵填体组织（图 3.2）、油脂、树脂和腊等抽提物，会影响毛细管系统疏导流体的有效性。如果能将这些结构和成分及纹孔膜和纹孔塞组织除去，必将会大幅度增加其三维网络连通性，提高浸渍性能，同时提高遗态转化产物——具有植物精细结构的分级多孔 $Fe_2O_3/Fe_3O_4/C$ 复合吸附材料的网络连通性。

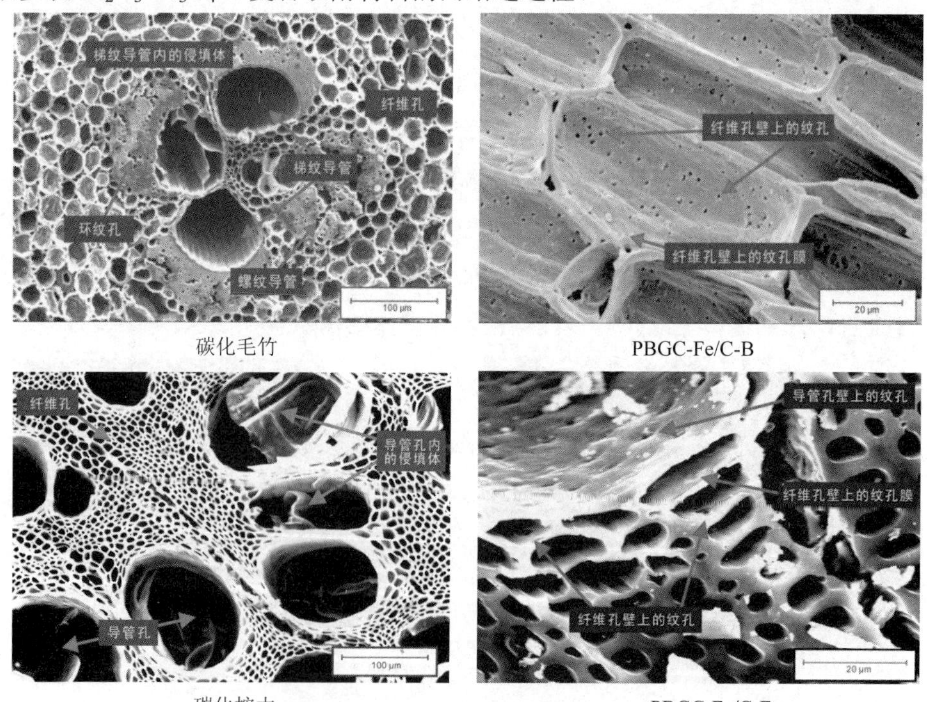

图 3.2 PBGC-Fe/C 的孔隙分布结构

因此，本研究在进行前驱体溶液浸渍前，首先对所选材料进行抽提预处理，以除去上述影响浸渍的成分和组织。首先将原始材料切割为约 30 mm×10 mm×3 mm 尺寸的块体，然后在 5%稀氨水中 100°C 煮 6 h 以进行抽提预处理。通过简单的氨水抽提预处理这一步骤，能有效地提高杆材的浸渍性能（图 3.3）。这是因为稀氨水溶液的碱性环境可以对纤维素和半纤维素产生润胀作用，提高浸渍性，同时却不会对密度和强度产生明显的副作用。通过有限润胀可以使细胞壁上部分氢键打开，增加细胞壁上的孔隙度，提高杆材的渗透性；通过无限润胀，使纤维素发生溶解。同时还可以溶解抽提物、蛋白质、氨基酸、部分半纤维素、木质素，以及少量的油脂、蜡、树脂和香精油等，部分阻塞的纹孔（图 3.2）、导管中的侵填体和毛细管道也可以被打开，有益于溶液的渗透[131]。因此，确定制备方法为原材料切块-稀氨水抽提处理后，再进行 Fe 改性和马弗炉焙烧处理。

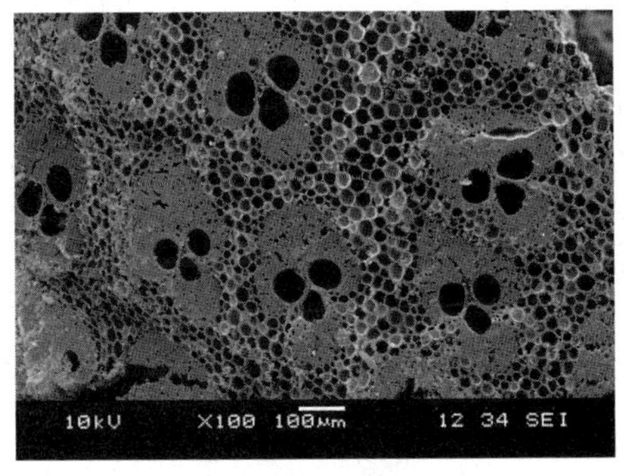

PBGC-Fe/C-B

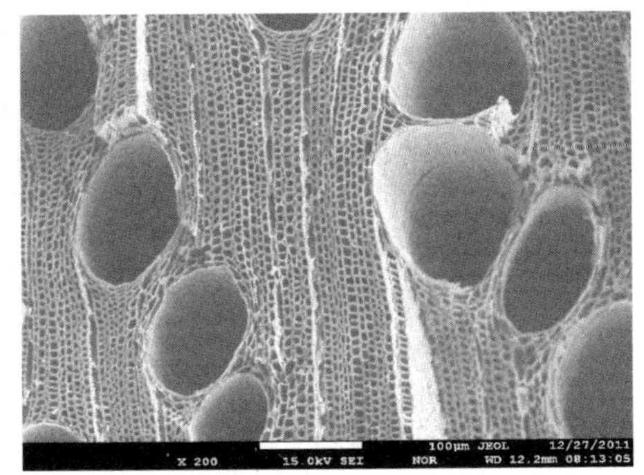

PBGC-Fe/C-E

图 3.3　经抽提预处理后材料的孔隙连通状况

3.1.2　制备工艺的优化

3.1.2.1　浸渍次数

通过对比不同浸渍次数（1 次、3 次和 5 次）下的植物遗态前驱体所获得的浸渍率来评价浸渍次数对材料合成的影响。植物杆材在经过 1 次、3 次和 5 次硝酸铁前驱液浸泡（每次 5 d）后得到的浸渍率（浸渍后材料的增量与浸渍前材料质量百分比）分别为 12.02%、61.9%和 65.38%（毛竹）及 57.14%、116.36%和 134.98%（桉木）。可见，延长浸渍时间有利于硝酸铁在植物内部空隙的迁移和附着，可以有效地提高杆材的浸渍率；但时间足够长后，再增加浸渍时间浸渍率的增加就逐渐趋缓，且浸渍时间过长会使植物杆材内部细胞壁纤维素、半纤维素和木素大量溶解，破坏原始植物遗态结构，增加材料制备的成本。因此本研究选择的浸渍次数为 3 次。

3.1.2.2 焙烧温度

焙烧温度是制备 PBGC-Fe/C 的重要影响因素之一。将浸渍后的毛竹遗态前驱体材料和桉木遗态前驱体材料分别经过 400℃、600℃和 1 000℃焙烧，烧得率分别为 46.24%、33.56%和 14.77%（毛竹）及 67.36%、56.21%和 34.54%（桉木）。材料的焙烧经历了脱水-有机成分分解-硝酸铁分解过程，温度过高会导致材料的烧得率降低，温度过低则导致硝酸铁不能完全分解。焙烧温度为 400℃时得到的材料比重较大，焙烧不充分，植物模板的导管孔中的充填物虽然可以去除，但是大量纹孔未打通，即便可以生成 Fe/C 复合物，但其结构未优化，材料的表面积拓展不能达到良好效果，不利于吸附应用。而当温度为 1 000℃时，过高温度可以满足材料孔隙充填物等化学物质的去除，但是其剩余能量使制备获取的材料比重较低，产生大量灰分成分，造成植物模板结构坍塌[134]，难以保留植物的天然多孔遗态结构，即便还可以生成 Fe/C 复合物，但没有天然多孔遗态结构作为附着载体，不能形成研究所需植物遗态结构的 $Fe_2O_3/Fe_3O_4/C$ 复合物。因此选择 600℃作为焙烧温度，焙烧获取的材料可以较好地保持毛竹和桉木的原始纤维结构，且在打通绝大部分孔洞阻隔物和填充物之余，还强化了纹孔周边的细胞壁，孔的多层结构转换为经压实处理的无定形结构，保留下来的碳结构有足够硬度和强度去抵挡后续净化水体时污染物通过材料空隙所带来的冲刷破坏，大大利于材料的使用寿命及其循环重复使用的可能性。

3.1.3 制备工艺的确定

综上所述，确定本研究两种 PBGC-Fe/C 材料的制备工艺如下（图 3.4）。

①首先将原始木材切割为约 30 mm×10 mm×3 mm 尺寸的块体（毛竹杆茎需去

掉结构致密的表皮层），然后在 5%稀氨水中于 100℃条件下煮 6 h 进行抽提预处理，随后用超纯水洗净，并于 80℃条件下干燥 24 h。

②将硝酸铁溶于乙醇-超纯水（1∶1）混合溶剂中，制得 1.2 mol/L 硝酸铁前驱体溶液。随后将步骤①获得产物浸没于前驱体溶液中，并在温度为 60℃左右条件下的水浴保温 5 d（期间以乙醇作为表面活性剂，为反应过程的水解提供足够的 OH^-，而乙醇自身的挥发可以腾出空间，不定时补齐同样浓度的硝酸铁溶液，可达到前驱液浓度梯度上升的目的，且可保证待试材料始终处于浸没状态），从溶液中取出试样后，在温度为 80℃左右条件下烘干 24 h，重复浸渍 3 次。

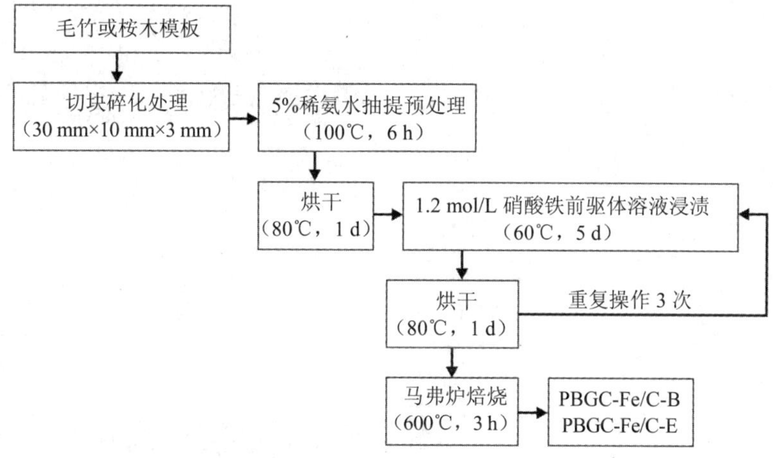

图 3.4　PBGC-Fe/C 的制备工艺流程

③将样品置于马弗炉中以 600℃焙烧 3 h，待炉冷却至室温即可获得目标材料 PBGC-Fe/C-B 或 PBGC-Fe/C-E。

3.2　PBGC-Fe/C 的表征

本研究采用扫描电子显微镜——能谱仪、傅里叶变换红外光谱仪、X 射线衍射仪、比表面及孔隙度分析仪、元素分析仪、Zeta 电位分析仪等现代技术手段分别对 PBGC-Fe/C 的形貌、物相组分、比表面积、孔径、零点电位和元素分布等进行表征。

3.2.1 扫描电镜

图 3.5 是 PBGC-Fe/C 横向截面放大不同倍数的 SEM 照片。图 3.6 是 PBGC-Fe/C 径向截面放大不同倍数的 SEM 照片。

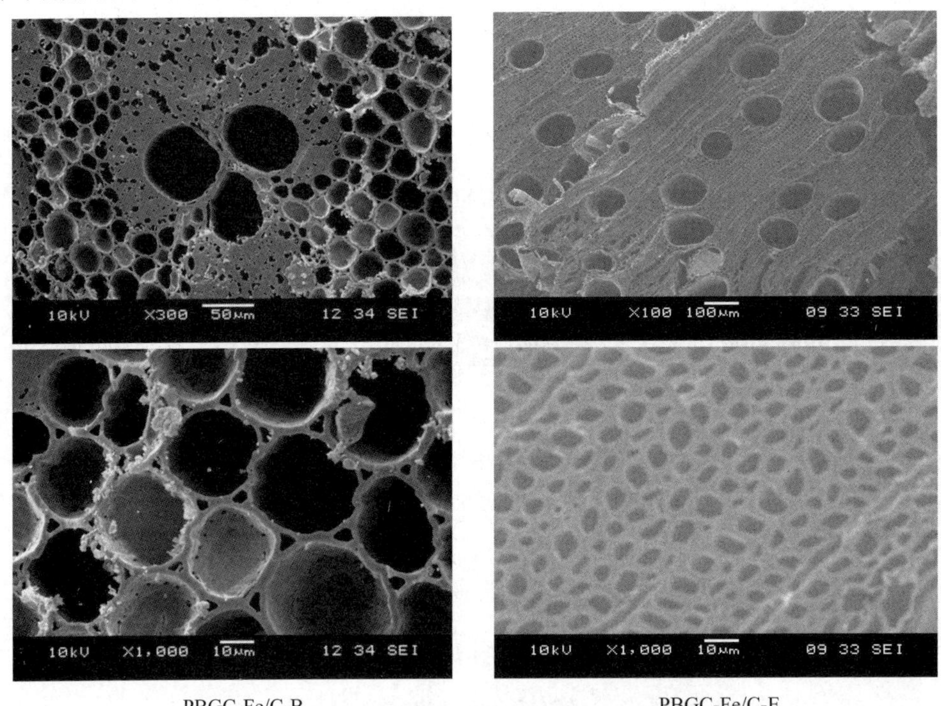

图 3.5 PBGC-Fe/C-B 和 PBGC-Fe/C-E 横向截面 SEM 照片

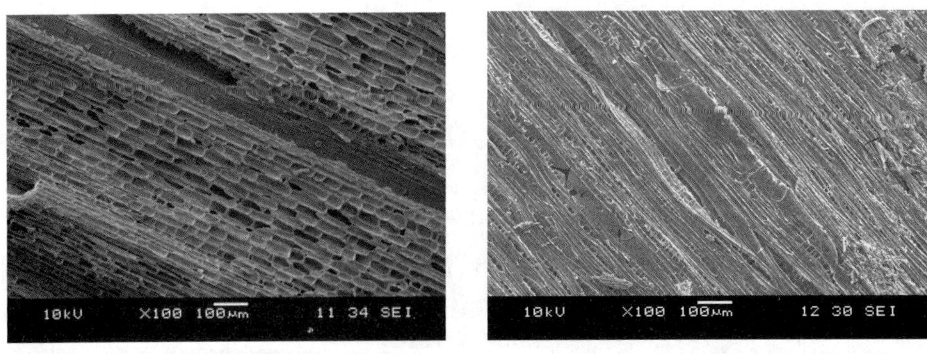

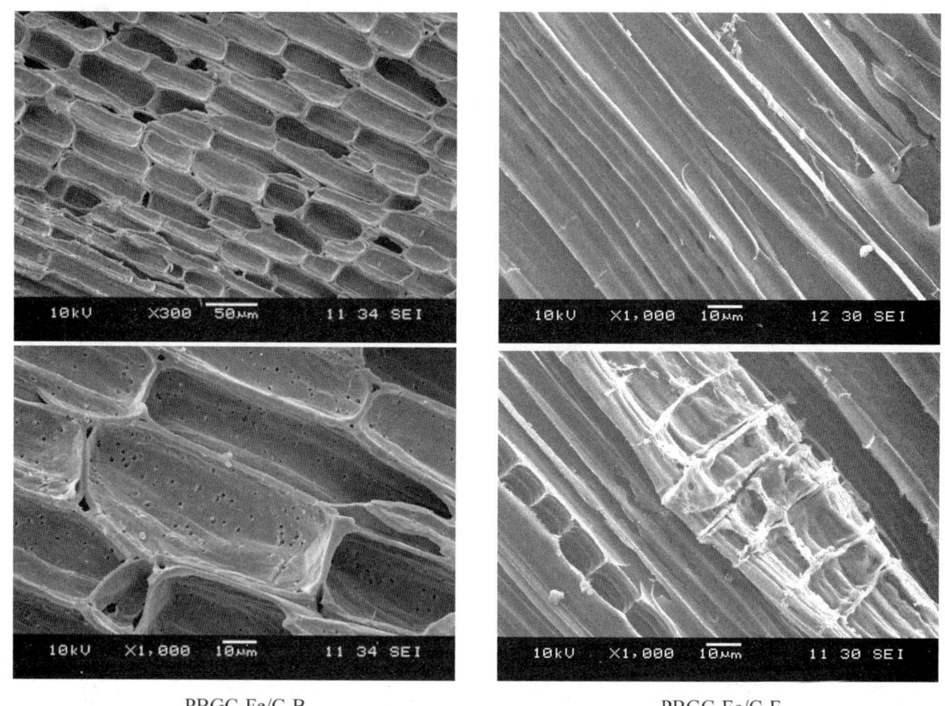

PBGC-Fe/C-B　　PBGC-Fe/C-E

图 3.6　PBGC-Fe/C-B 和 PBGC-Fe/C-E 径向截面 SEM 照片

由图 3.5 可以看出，植物杆材在直接碳化过程中常伴有溃陷、皱缩等严重的缺陷，表现为部分木纤维扭曲、相互挤压、细胞腔变得狭小和形成扭曲带。孔径较大的导管孔孔径变小，形状大多由圆形或椭圆形变为不规则状，其中的侵填体等清晰可见；尽管孔径较小的纤维孔的形状未发生明显的畸变，但孔径已变小。SEM 表征显示，所制备的两种 PBGC-Fe/C 复合材料很好地保留了对应植物模板天然分级多孔的遗态特征，在制备过程中未见明显皱缩痕迹、形态畸变及孔隙堵塞等现象。材料经过焙烧，易挥发组分已被清理干净，使 PBGC-Fe/C-B 完整地复制了毛竹的分级多孔结构，具有 20～50 μm、3～10 μm 和 0.1～1.3 μm 的分级大孔结构。50 μm 的梯纹导管孔呈长筒状，与外界连通，常 3 个一组，显“梅花”状，镶嵌于毛竹木质部，与环纹、螺纹导管无规则相隔，组成毛竹维管束（图 3.5）。20 μm 的纤维管则被髓环分隔成了长度不一的单元，每个单元结构上镶嵌着 30～60 个纳米级结构的纹孔。PBGC-Fe/C-E 具有 70～120 μm 的导管孔，形状大多为圆形或椭圆形，在大孔之间分布有 4.1～6.4 μm 的纤维孔，形状各不相同，大孔并不十分规则地镶嵌在小孔列中；同时，导管孔中的侵填体等已基本除去，导管孔和纤维孔相互之间的绝大部分纹孔膜也已除去，孔壁间出现了大量 0.1～1.3 μm 的纹孔。而径向外壁方位上不存在明显的孔结构，因此，各层次孔洞的出现，明显利于材料比表面积的增大（图 3.6）。

3.2.2 能谱

通过能谱仪在 PBGC-Fe/C-B 和 PBGC-Fe/C-E 上选取多个代表性测试点，测量其表面 C、Fe 和 O 元素的百分含量，并对材料进行面扫描，分析其表面元素分布情况，测试点的选取和测试结果如图 3.7 所示。PBGC-Fe/C-B 所选的 3 个位置检测到 C、Fe 和 O 元素以及微量的原始毛竹自有的 S 和 Cl 元素，PBGC-Fe/C-E 单点测试结果显示所选关键点均含有较高含量的 C、Fe 和 O 元素及少量的原始桉树木材含有的 Ca 和 Al 元素。表明 Fe 元素成功覆盖到材料的各个部位。然而毛竹和桉木自身孔隙结构特性引起浸渍溶液硝酸铁在孔隙边缘沉积、交换的 Fe 较多，因此 PBGC-Fe/C 横截面的 EDS 表征显示 Fe 元素分布并不均匀，总体呈在孔隙内壁的边缘部位 Fe 元素含量较高，而孔间部分 Fe 元素含量相对较低状态（表 3.1 和图 3.7）。

表 3.1　PBGC-Fe/C 表面元素质量百分比　　单位：%

材料类型	元素	图谱 1	图谱 2	图谱 3
PBGC-Fe/C-B	C	46.59	75.68	67.75
	O	2.41	12.32	9.21
	Al	1.02	0.3	0.66
	Ca	0	0.47	0.98
	Fe	49.98	11.23	21.4
PBGC-Fe/C-E	C	61.36	72.08	72.31
	O	26.54	17.56	19.98
	S	0.34	0.23	0.27
	Cl	0.13	0.27	0.25
	Fe	11.63	9.85	7.18

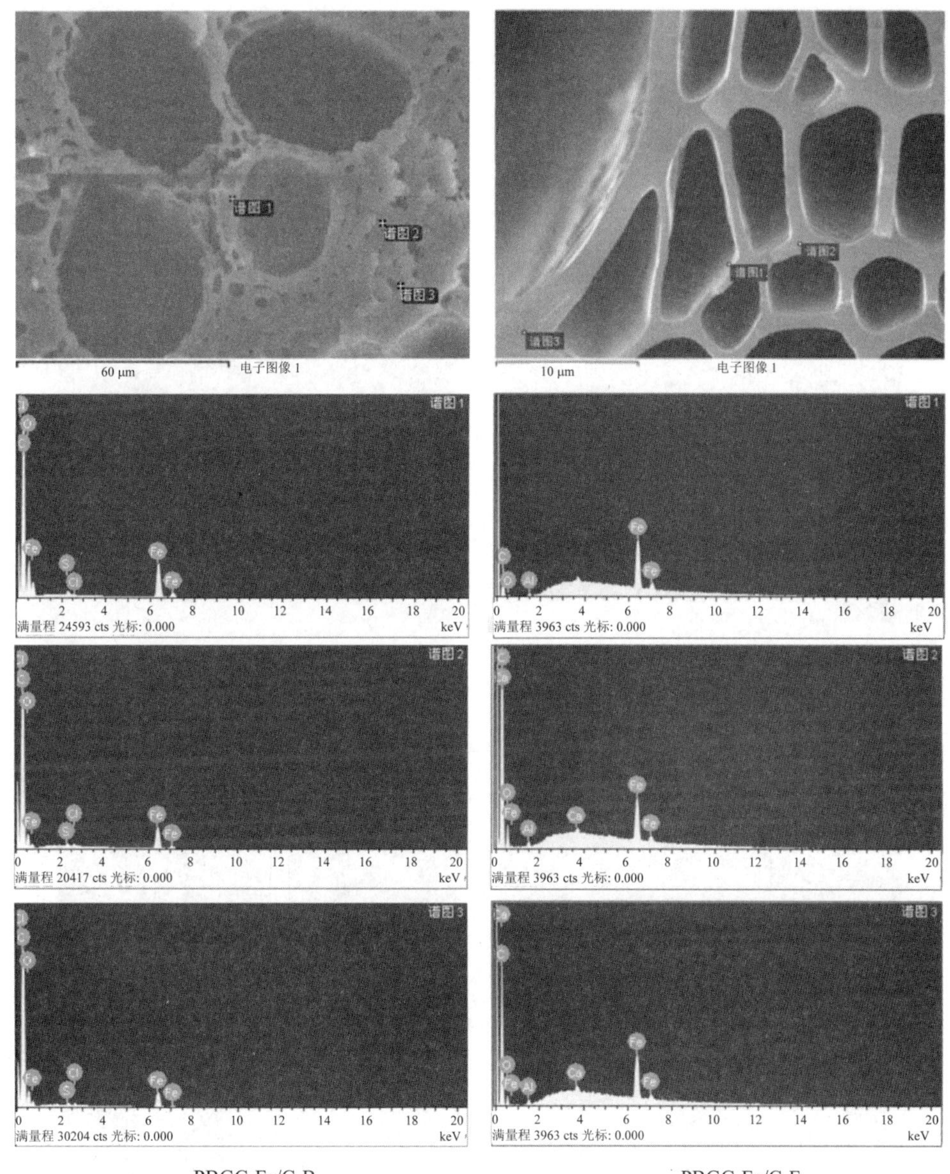

PBGC-Fe/C-B　　　PBGC-Fe/C-E

图 3.7　PBGC-Fe/C-B 和 PBGC-Fe/C-E 点扫描能谱

图 3.8 可以直观地表征 C、Fe 和 O 元素在 PBGC-Fe/C 上的分布情况，元素分布情况与样品微观结构基本一致，Fe 元素分布不均匀而其他元素较均匀地分

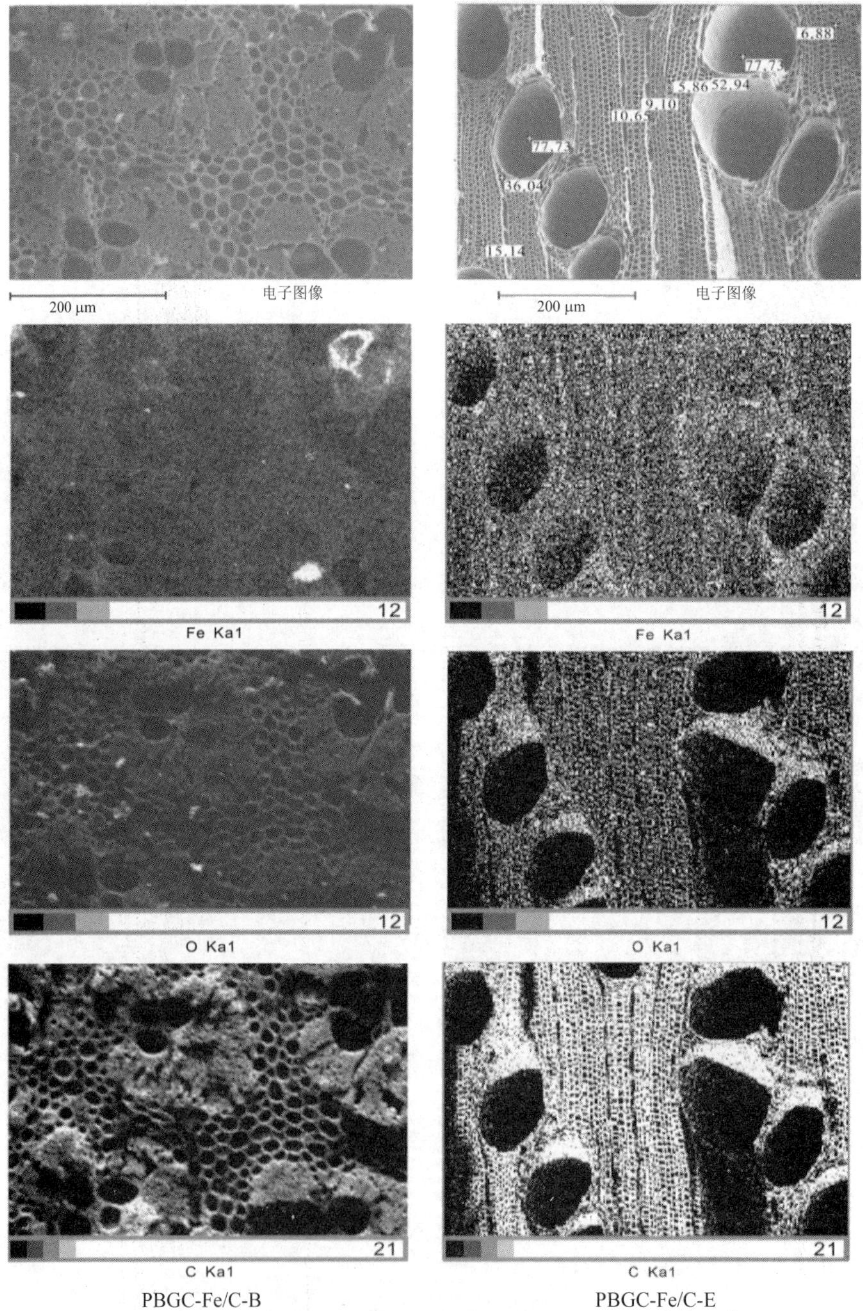

PBGC-Fe/C-B PBGC-Fe/C-E

图 3.8 PBGC-Fe/C-B 和 PBGC-Fe/C-E 面扫描能谱

注：电子图像中标出数据为 Fe 元素在材料表面的分布情况及含量。

布在样品管壁位置，说明 C、Fe 和 O 元素共同组成了产物结构中的孔壁部分，Fe=O 化合物分布于遗态结构中，利于吸附性能的提高。

3.2.3　傅里叶变换红外光谱

图 3.9 是 PBGC-Fe/C-B、PBGC-Fe/C-E、磁铁矿 Fe_3O_4[135]、赤铁矿 α-Fe_2O_3[136] 及活性炭[137]的红外光谱（FT-IR）对比图。

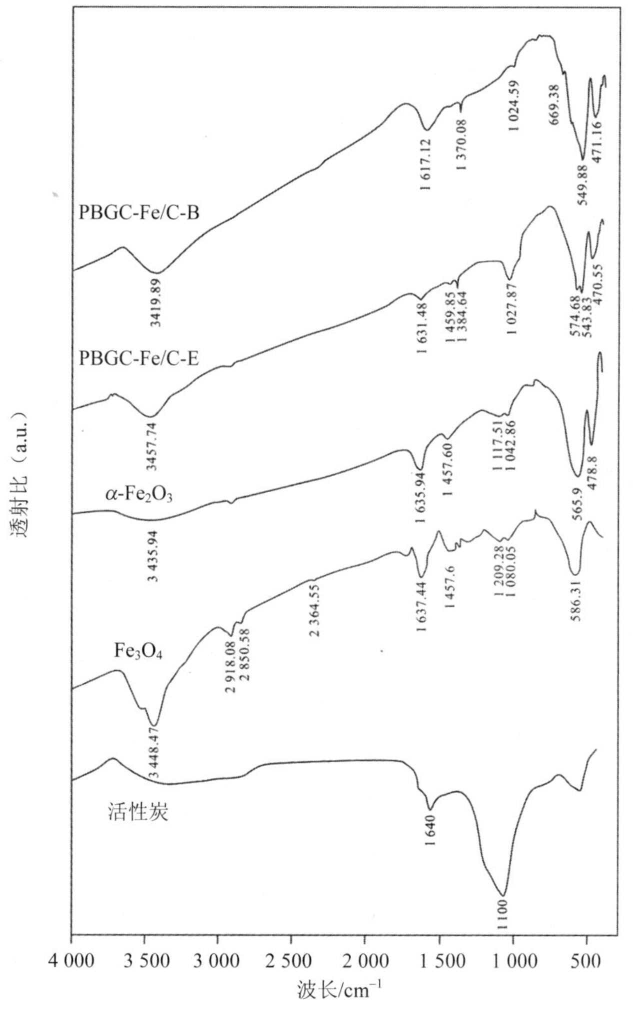

图 3.9　PBGC-Fe/C 的 FT-IR 分析对比

注：FT-IR 谱线 ① 磁铁矿 Fe_3O_4[135]；② 赤铁矿 α-Fe_2O_3[136]；③ 活性炭[137]。

如图 3.9 所示，PBGC-Fe/C-B 谱图中在波数为 3 419.89 cm^{-1} 处出现了水的 O-H 伸缩振动峰，这是由于制样过程中加入的 KBr 吸收空气中的水分所致；波数为 1 617.12 cm^{-1} 处的吸收峰是由 O-H-O 弯曲振动引起的；1 024.59 cm^{-1} 处的吸收峰为 C=O 伸缩振动引起的；471.16～549.88 cm^{-1} 和 1 370.08 cm^{-1} 处出现 Fe-O 伸缩振动峰[135]。类似地，PBGC-Fe/C-E 谱图中波数为 3 457.74 cm^{-1} 附近的峰是粉体吸附水的 O-H 伸缩振动；波数为 1 631.48 cm^{-1} 的峰是 H-O-H 弯曲振动；波数为 1 027.87 cm^{-1} 的峰是 C=O 伸缩振动；波数在 470.55～574.68 cm^{-1} 和 1 384.63～1 459.85 cm^{-1} 出现的峰为 Fe-O 伸缩振动峰。

同时，两种 PBGC-Fe/C 材料的红外光谱图与赤铁矿（α-Fe_2O_3）和磁铁矿（Fe_3O_4）的红外光谱（FT-IR）分析结果相比，均出现了 O-H 伸缩振动、H-O-H 弯曲振动和 Fe-O 伸缩振动峰，但在 PBGC-Fe/C 的红外光谱（FT-IR）图上未见到 Fe-OH 的弯曲振动峰（1045 cm^{-1} 和 915 cm^{-1}）。与活性炭的红外光谱图相比，两种 PBGC-Fe/C 材料的 C=O 伸缩振动峰分别出现在波数 1 024.59 cm^{-1} 处和 1 027.87 cm^{-1} 处，均略小于活性炭的红外光谱图上 C=O 伸缩振动峰的波数 1 100 cm^{-1}。

3.2.4 X 射线衍射

用 X 射线衍射分析仪对两种 PBGC-Fe/C 材料进行分析（图 3.10）。XRD 曲线在 2θ 分别在 24.12°、33.12°、35.6°、49.41°和 54°（PBGC-Fe/C -B）及 24.1°、33.11°、35.37°、40.79°、49.43°、54°和 62.54°（PBGC-Fe/C-E）处出现衍射峰，两种材料强峰出现位置大致相同，且与国际衍射数据中心（International Centre for Diffraction Data，ICDD）提供的 PDF 卡 89-0597 高度吻合，为α-Fe_2O_3特征峰；XRD 曲线在 2θ 在 30.11°、35.53°、43.27°和 62.61°（PBGC-Fe/C-B）及 29.98°、35.37°、43.83°、57.48°和 62.54°（PBGC-Fe/C-E）处出现衍射峰，强峰位置与 ICDD 提供的 PDF 卡 19-0629 高度吻合，显示为 Fe_3O_4特征峰；XRD 曲线在 2θ=42.81°和 45.02°（PBGC-Fe/C-B）及 42.81°和 44.62°（PBGC-Fe/C-E）的强峰位置与 ICDD 提供的 PDF 卡 79-1471 较为吻合，显示为 C 特征峰。分析得知，通过高温焙烧，植物遗态模板经过了脱氢和脱氧后被碳化，植物模板所吸附的硝酸铁前驱液经化学分解为氧化铁（α-Fe_2O_3），高温含氧环境下，分解所得部分氧化铁被还原为磁

性氧化铁（Fe_3O_4），前驱体中的氮元素也以气体形式排出。利用 Jade5.0 软件中的 RIR 方法计算物相质量分数，结果表明材料含铁氧化物中 Fe_3O_4 和 Fe_2O_3 的含量分别为 59.78%和 40.22%（PBGC-Fe/C-B）及 67.14%和 32.86%（PBGC-Fe/C-E）。

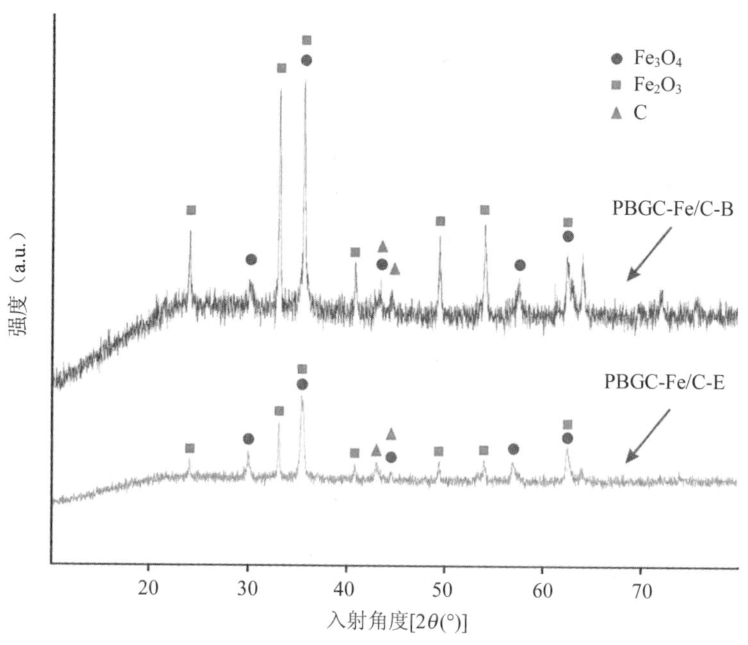

图 3.10　PBGC-Fe/C 的 XRD 分析对比

3.2.5　比表面及孔隙度

采用比表面及孔隙度分析仪分别对两种 PBGC-Fe/C 材料的比表面积、孔容和孔径进行分析，并与前人研究材料进行对比。据报道，天然赤铁矿粉末的比表面积为 14.92 m^2/g[138]，经 850℃烧制而成的α-Fe_2O_3 多孔陶瓷的比表面积为 4.17 m^2/g[139]，由美国芝加哥 Connelly-GPM 公司和 Cerac 公司提供的磁铁矿样品比表面积分别为 9.85 m^2/g 和 16.2 m^2/g[134]，商业购置的磁铁矿纳米粒子（St. Louis，MO，USA，α-Fe_2O_3）的比表面积只有 31.7 m^2/g[140]，20～40 nm 直径的磁铁矿和赤铁矿混合粒子（Rhode Island，U.S.A.）的比表面积也只有 49 m^2/g[141]，而 20 nm（Reno，NV）和 300 nm（Milwaukee，WI）直径的磁铁矿比表面积可分别达到 60 m^2/g

和 3.7 m^2/g[142]。在本研究中，两种 PBGC-Fe/C 材料的 BET 比表面及孔隙度分析数据因其植物模板特性和孔隙特征不同而不同，但就比表面积而言，较前人研究获取的磁铁矿材料优越性明显。其中，PBGC-Fe/C-B 的比表面积为 93.06 m^2/g，孔容为 0.12 cm^3/g，而 PBGC-Fe/C-E 比表面积为 59.2 m^2/g，孔容为 0.11 cm^3/g，显示出良好的有效吸附潜力。在孔径尺寸上，桉树木材的孔径从粗到细变化范围很宽，明显呈现出分级特征，且孔径较大的管道（50～120 μm）和孔径较小的管道（0.1～1.3 μm，4.1～6.4 μm）形成相间分布结构；毛竹杆材的孔径分布范围则更加宽广，具有较大孔径管道（20～50 μm、3～10 μm）和较小孔隙（0.1～1.3 μm）组成的单元体，各单元体呈分级多孔结构簇状分布，单元体内壁还拥有微孔（30～60 nm）。对 PBGC-Fe/C 进行的孔径分布分析（图 3.11）结果显示，在实验选取的孔径范围中（1～300 nm），PBGC-Fe/C-B 有 21%的孔径大于 50 nm，处于大孔材料的孔径范围；有 78%的孔径分布为 2～50 nm 的介孔材料孔径范围，还有小部分位于小于 2 nm 的微孔材料范围内，表明 PBGC-Fe/C-B 是以介孔为主的分级多孔结构材料。从对 PBGC-Fe/C-E 的表征图中可以看出，22%的孔径大于 50 nm 的大孔材料的孔径范围；有 76%的孔径分布于 2～50 nm 的介孔材料孔径范围，还有小部分位于小于 2 nm 的微孔材料范围内，可以认为 PBGC-Fe/C-E 也属于介孔为主的分级多孔结构材料。

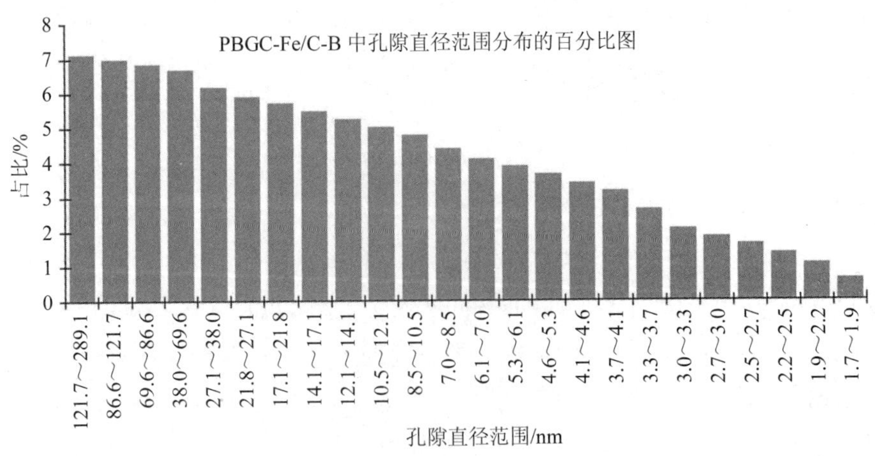

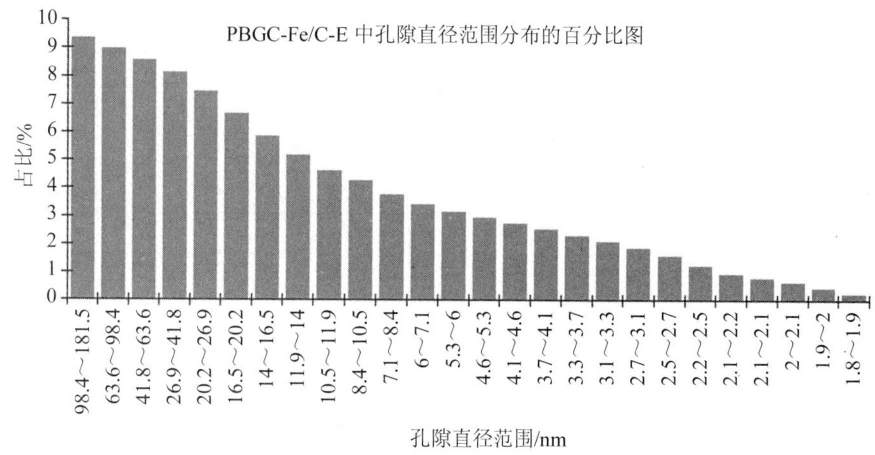

图 3.11　PBGC-Fe/C 的孔径分布

3.2.6　化学组分

采用元素分析仪（PE2400 SERIES II CHNS/O 元素分析仪）和百万分之一微量天平（梅特勒，XP6）对两种植物模板及其制备获得的目标材料 PBGC-Fe/C-B 和 PBGC-Fe/C-E 进行化学元素组成（C、H、N、S 和 O）分析（表 3.2）。C、H、N、S 和 O 以外的组分归为 Fe 及其他痕量组分计。结果表明，原始毛竹模板主要由 C、O 和 H 构成；而经过抽提预处理、硝酸铁前驱体溶液浸渍、600℃焙烧后所制得的 PBGC-Fe/C-B 主要由 Fe、O 和 C 等组成，其中 Fe 含量由 1.77%升高至 46.27%，C 含量由原始毛竹杆材的 47.98%降至 25.51%，而氧化铁（Fe_2O_3/Fe_3O_4）为 72.11%左右。类似地，原始桉木植物模板也是主要由 C、O 和 H 组成；经过制备获取的 PBGC-Fe/C-E 主要由 Fe、O 和 C 等组成，其中 Fe 元素的含量可达 63.99%，C 元素的含量则由原始桉树木材中的 44.13%下降至 11%以下，而氧化铁（Fe_2O_3/Fe_3O_4）占 84%左右。

表 3.2 PBGC-Fe/C 的化学组分分析 单位：%

样品	C	H	N	S	O	Fe 及其他痕量组分
毛竹模板	47.98	6.62	0.62	1.05	41.96	1.77
桉木模板	44.13	6.42	1.94	1.15	45.94	0.42
PBGC-Fe/C-B	25.51	1.25	0.92	0.21	25.84	46.27
PBGC-Fe/C-E	10.85	0.30	4.28	0.09	20.49	63.99

注：①数据为采用元素分析仪分析所得，%；②所有经过分析的元素已归一化，平行 3 次；③其他痕量组分包括 Al 和 Si 等。

3.2.7 Zeta 电位

分别准确称取 0.01 g 两种 PBGC-Fe/C 材料（粒径＜100 目）置于 100 mL 的锥形瓶中，然后加入 50 mL 超纯水。将配制好的悬浮液超声分散 30 min，再用 Zetasizer Nano ZS90 型 Zeta 电位分析仪（英国 Malvern 公司）测定悬浮液的 Zeta 电位（图 3.12），结果显示两种 PBGC-Fe/C 材料的 Zeta 电位有所差异，分别为 9.63 mV（PBGC-Fe/C-B）和−29.2 mV（PBGC-Fe/C-E）。稍低于磁铁矿表面 Zeta 电位−8.81 mV 和常见黏土胶体的 Zeta 电位−12.79～−16.60。

通过绘制 pH-Zeta 电位曲线，在曲线与横坐标相交处分别算出两种 PBGC-Fe/C 材料的 pH_{PZC}。由图 3.13 可知，PBGC-Fe/C-B 的 pH_{PZC}=3.1，PBGC-Fe/C-E 的 pH_{PZC}=3.2，两者零点电位较为一致。

据前人报道，赤铁矿 Fe_2O_3 的零电点 pH_{PZC} 在 5.5 左右[143]；针铁矿 FeO（OH）的零电点 pH_{PZC} 在 6.8 左右；磁铁矿 Fe_3O_4 的零电点 pH_{PZC} 在 4.7 左右，表明在高 pH 条件下表面荷负电；在低 pH 条件下表面荷正电[144]。

水溶液中的 Cr（Ⅵ）、As（Ⅴ）和 P（Ⅴ）在 pH 为 2～11 范围内都荷负电。随着溶液 pH 的升高，材料表面负电荷越来越多。在较低 pH 条件下，即零点电位以下，磁铁矿与它们之间静电吸引；pH 较高时存在静电排斥，并且 pH 越高，负电荷越多，排斥力越大。在低 pH 条件下，即零电点以下，吸附作用包含了静电吸引过程和化学吸附过程。因此，矿物氧化物对 Cr（Ⅵ）、As（Ⅴ）和 P（Ⅴ）的吸附在低 pH 条件下比高 pH 条件下强烈。

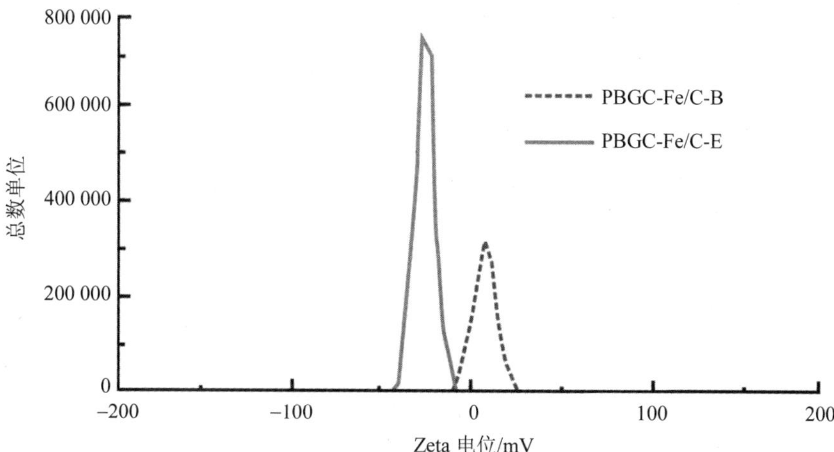

图 3.12　PBGC-Fe/C 的 Zeta 电位分布

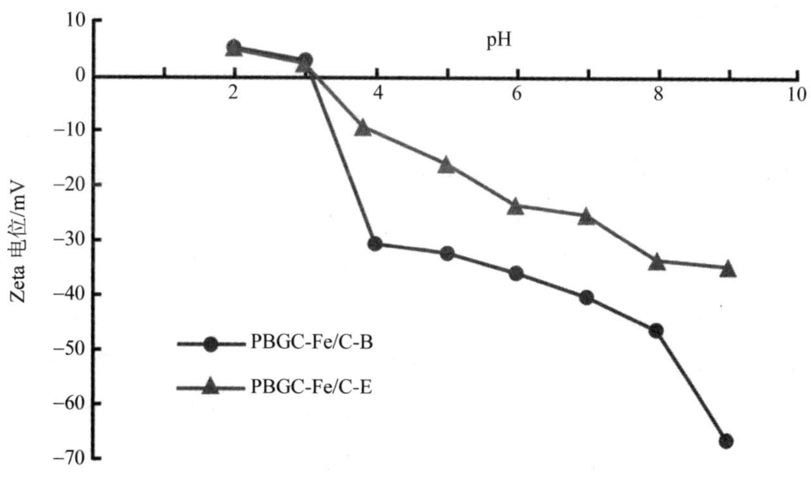

图 3.13　PBGC-Fe/C 的 pH_{PZC}

3.3　本章小结

（1）本研究选用硝酸铁作为前驱体溶液，分别以毛竹和桉木为植物模板，制备获取复合材料 PBGC-Fe/C，采用傅里叶变换红外光谱仪、X 射线衍射仪、扫描电子显微镜、能谱仪、比表面及孔隙度分析仪等分别对 PBGC-Fe/C-B 及 PBGC-Fe/C-E 进行表征分析，确定其表面物化性能。根据实验结果并综合考虑各种因素，确定制备优化工艺如下：木块在 5%稀氨水中，100℃下煮 6 h 以完成抽提预处理，然后用 1.2 mol/L 硝酸铁前驱体溶液在 60℃环境下恒温浸渍木块 5 d，从溶液中取出试样后，在 60℃下烘干 24 h，重复浸渍 3 次，再将样品置于马弗炉在 600℃条件下焙烧 3 h。

（2）PBGC-Fe/C 主要由 Fe、O 和 C 等组成，经过改性，两种 PBGC-Fe/C 材料的含碳量较原始模板均有明显降低，而目标成分氧化铁（Fe_2O_3/Fe_3O_4）占 72%以上，其中 PBGC-Fe/C-E 的氧化铁含量高达 84%。PBGC-Fe/C 主要含有α-Fe_2O_3、Fe_3O_4 和 C 3 种物质；红外光谱图分析的结果与 XRD 分析结果一致，证实了 PBGC-Fe/C 所含有的 3 种物质类型；由 SEM 照片可以看出 PBGC-Fe/C-B 完整地复制了毛竹的分级多孔结构，具有 20～50 μm、3～10 μm 和 0.1～1.3 μm 的分级大孔结构，PBGC-Fe/C-E 也很好地保留了桉木天然多孔分级遗态特征，具有 70～120 μm 的导管孔和 1～5 μm 的纤维孔；能谱图分析结果表明，PBGC-Fe/C 中 C、Fe 和 O 元素较为均匀地分布在材料表面；所制得 PBGC-Fe/C-B 的比表面积为 93.06 m^2/g，孔容为 0.12 cm^3/g，而 PBGC-Fe/C-E 的比表面积为 59.2 m^2/g，孔容为 0.11 cm^3/g。PBGC-Fe/C-B 中 21%的孔径大于 50 nm，属大孔材料的孔径范围；有 78%的孔径分布于 2～50 nm，属介孔材料孔径范围；还有小部分位于＜2 nm 的微孔范围内。在 PBGC-Fe/C-E 中，有 22%的孔径大于 50 nm，属大孔材料的孔径范围；有 76%的孔径分布于 2～50 nm，属介孔材料孔径范围；还有小部分位于＜2 nm 的微孔范围。两种 PBGC-Fe/C 材料的零点电位 pH_{PZC} 几乎相同；Zeta 电位则有所差异，分别为 9.63 mV（PBGC-Fe/C-B）和–29.2 mV（PBGC-Fe/C-E）。

第 4 章　PBGC-Fe/C 对水中铬、砷、磷吸附的影响因素研究

4.1　PBGC-Fe/C 对水中 Cr（Ⅵ）吸附的影响因素

以水中 Cr（Ⅵ）为目标元素，吸附时间、溶液初始浓度及温度、溶液初始 pH、吸附剂投加量、吸附剂种类及粒径为影响因素开展静态吸附净化模拟实验研究，阐明 PBGC-Fe/C 对水中 Cr（Ⅵ）吸附影响情况。

4.1.1　吸附时间

分别将 0.5 g 粒径小于 100 目的 PBGC-Fe/C 和 50 mL 初始 pH 为 2、初始质量浓度分别为 2 mg/L、10 mg/L 和 50 mg/L 模拟含 Cr（Ⅵ）废水加入 100 mL 聚乙烯离心管中，加盖后置于 25℃的水浴恒温振荡器中振荡，振荡时间分别为 5 min、10 min、15 min、20 min、30 min、60 min、120 min、180 min、240 min、300 min、360 min、420 min、480 min、540 min、720 min、1 080 min 和 1 440 min。PBGC-Fe/C 对模拟含 Cr（Ⅵ）废水的去除效果随吸附时间的变化趋势如图 4.1 所示。

从图 4.1 中可以看出，在吸附的开始阶段，由于吸附剂与吸附质之间的范德华力作用，PBGC-Fe/C 对 Cr（Ⅵ）的吸附量随着吸附时间的增加而快速上升，这一阶段的吸附过程是以膜扩散为主的快速物理吸附过程。随后由于吸附剂上的活性位被占据导致吸附量增速逐渐缓慢，吸附速率逐渐减小；直至吸附量基本保持不变而达到平衡。2 mg/L、10 mg/L 和 50 mg/L 溶液初始浓度下，PBGC-Fe/C-B 对 Cr（Ⅵ）的吸附平衡时间分别为 10 min、20 min 和 240 min，相应的吸附量分

别达到 0.197 6 mg/g、0.996 8 mg/g 和 4.984 7 mg/g，之后吸附量增加非常缓慢，认为材料吸附容量已经饱和。PBGC-Fe/C-E 的吸附速度相对略显迟缓，在 Cr（Ⅵ）初始浓度为 2 mg/L、10 mg/L 和 50 mg/L 条件下，吸附时间分别为 120 min、360 min 和 1 080 min 时方可达到吸附平衡，相应的吸附量分别达到 0.198 7 mg/g、0.997 8 mg/g 和 3.018 9 mg/g。且由图 4.2 可知，在低浓度时，PBGC-Fe/C 对 Cr（Ⅵ）的吸附影响趋势几乎一致，Cr（Ⅵ）初始浓度为 50 mg/L 时，两种 PBGC-Fe/C 吸附材料对 Cr（Ⅵ）的吸附影响情况有所不同，明显看出 PBGC-Fe/C-B 可更快速吸附处理高浓度含 Cr（Ⅵ）废水。

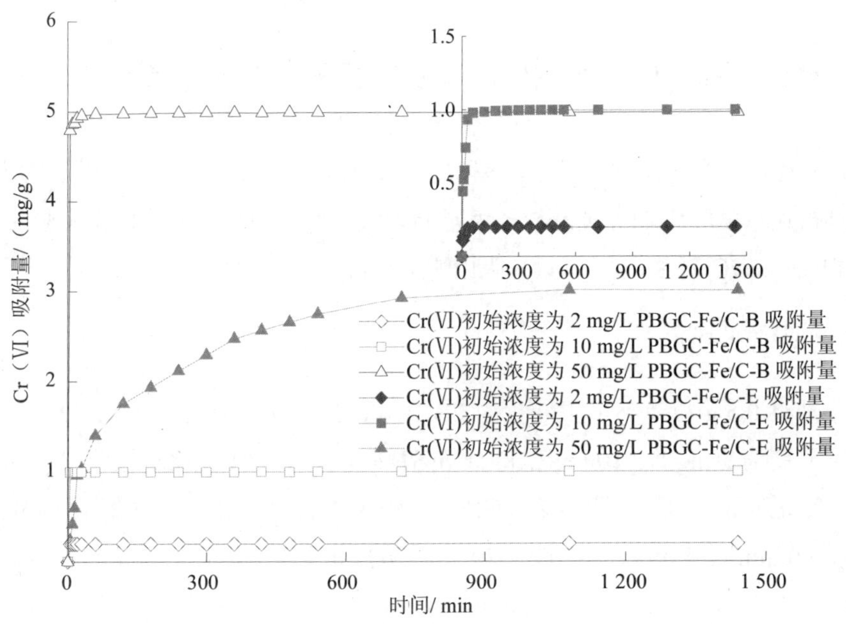

图 4.1 吸附时间对 PBGC-Fe/C 吸附 Cr（Ⅵ）的影响

4.1.2 溶液初始浓度及温度

分别将 0.5 g 粒径小于 100 目的 PBGC-Fe/C 和 50 mL 初始 pH 为 2 的不同浓度模拟含 Cr（Ⅵ）废水加入 100 mL 聚乙烯离心管中，加盖后分别置于 25℃、35℃和 45℃的恒温水浴振荡器中振荡至吸附平衡（振荡速率为 150 r/min），取出试样用中速滤纸过滤，测定滤液中残余的 Cr（Ⅵ）质量浓度。其中模拟废水中 Cr（Ⅵ）

初始质量浓度分别为 10 mg/L、20 mg/L、30 mg/L、40 mg/L、50 mg/L、75 mg/L、100 mg/L、125 mg/L、150 mg/L、200 mg/L、250 mg/L、300 mg/L、350 mg/L 和 400 mg/L（PBGC-Fe/C-B）以及 10 mg/L、20 mg/L、30 mg/L、40 mg/L、50 mg/L、75 mg/L、100 mg/L、125 mg/L 和 150 mg/L（PBGC-Fe/C-E）。

由图 4.2 可以看出，溶液初始浓度在 10～150 mg/L 范围时，PBGC-Fe/C 对 Cr（Ⅵ）的吸附量均随着 Cr（Ⅵ）浓度的升高而增加；就去除率而言，PBGC-Fe/C-B 可维持在较高水平变动不大，而 PBGC-Fe/C-E 则有下降趋势。溶液初始浓度在 150～400 mg/L 范围内，PBGC-Fe/C-B 的吸附量仍可保持较高的增长趋势。

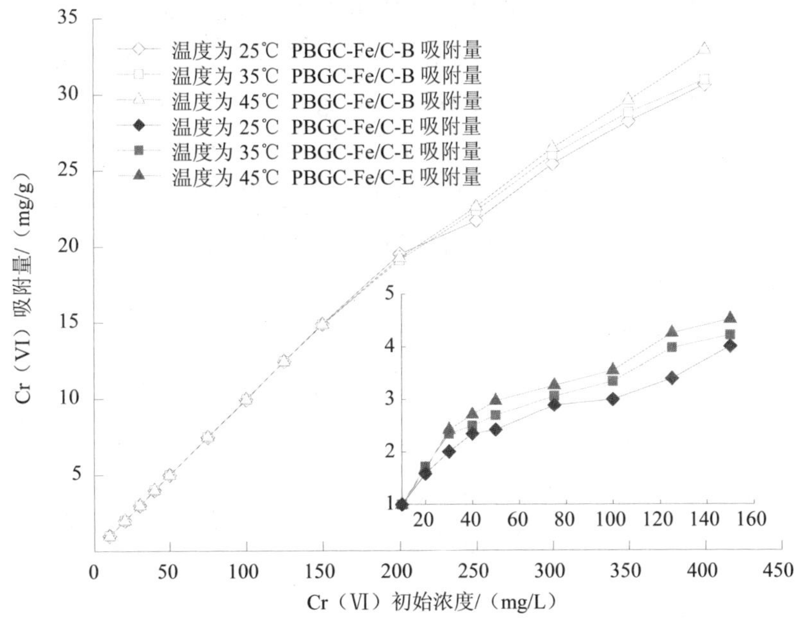

图 4.2　溶液初始浓度及温度对 PBGC-Fe/C 吸附 Cr（Ⅵ）的影响

温度的适量提高有利于吸附的进行。在初始浓度为 10～400 mg/L 范围内，不同温度下，PBGC-Fe/C-B 对 Cr（Ⅵ）的吸附量变化为：从 1 mg/g 上升到 30.61 mg/g（25℃）；1 mg/g 上升到 30.94 mg/g（35℃）；1 mg/g 上升到 32.88 mg/g（45℃）；在初始浓度为 10～150 mg/L 范围内，不同温度条件下，PBGC-Fe/C-E 对 Cr（Ⅵ）的吸附量变化为：从 1 mg/g 上升到 4.01 mg/g（25℃）；1 mg/g 上升到 4.22 mg/g

（35℃）；1.00 mg/g 上升到 4.52 mg/g（45℃）。在 0～75 mg/L 范围内，PBGC-Fe/C-E 的吸附量随着 Cr（Ⅵ） 初始浓度的增加而快速上升，在 75 mg/L 以后的范围则变得较为缓慢。就 PBGC-Fe/C-B 而言，温度对其吸附性能的影响不大，3 种温度下的吸附量变化曲线（200 mg/L 以下时）基本重合，计算获取的去除率基本为 80% 以上，其中低浓度时去除率几乎为 100%；而温度对 PBGC-Fe/C-B 的吸附影响只表现在高浓度状态下。

4.1.3 溶液初始 pH

将 50 mL 初始浓度分别为 2 mg/L、10 mg/L 和 50 mg/L 的 Cr（Ⅵ）溶液加入 100 mL 聚乙烯离心管中，用稀 HNO_3 和稀 NaOH 溶液调节溶液初始 pH 分别为 1、2、3、4、5、6 和 7。每个离心管中各加入 0.5 g 粒径小于 100 目的吸附剂，加盖密封并置于 25℃的恒温水浴振荡器中进行振荡，振荡频率设定为 150 r/min，吸附时间设定为 3 h，振荡完成后将样品取出在装有中速滤膜的漏斗上过滤，用分光光度法测定滤液中 Cr（Ⅵ）的质量浓度，研究 Cr（Ⅵ）溶液初始 pH 对不同浓度 Cr（Ⅵ）吸附效果的影响（图 4.3）。

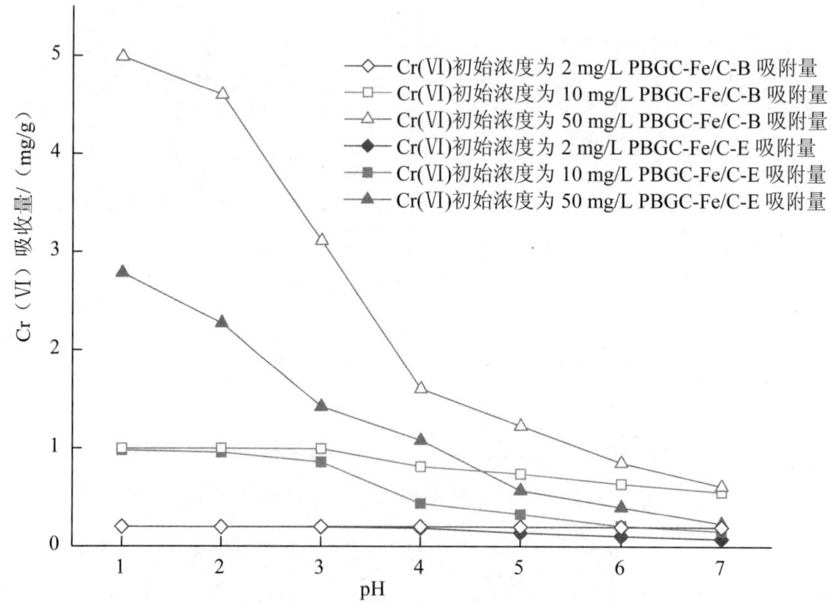

图 4.3 溶液初始 pH 对 PBGC-Fe/C 吸附 Cr（Ⅵ）的影响

由图 4.3 可以看出，pH 在 1～7 范围内，溶液的初始 pH 对 PBGC-Fe/C 吸附 Cr（Ⅵ）的影响较为明显。两种 PBGC-Fe/C 吸附剂对不同初始浓度 Cr（Ⅵ）溶液的吸附量有相同的趋势，其中 pH 对中高浓度样品的吸附效果影响较为灵敏。Cr（Ⅵ）初始浓度为 2 mg/L 时，两种 PBGC-Fe/C 吸附剂对 Cr（Ⅵ）的吸附量影响均不大，具体为 0.193 7～0.194 3 mg/g（PBGC-Fe/C-B）和 0.075 5～0.198 3 mg/g（PBGC-Fe/C-E），计算获得的去除率变化范围为 97.24%～99.22%（PBGC-Fe/C-B）和 37.84%～99.43%（PBGC-Fe/C-E）。可以看出，在 Cr（Ⅵ）初始浓度为 2 mg/L 时，pH 对 PBGC-Fe/C-B 的吸附效果未产生明显影响，而对 PBGC-Fe/C-E 的吸附有较大影响，这有可能是 PBGC-Fe/C-B 自身的优秀吸附特质所致，pH 的变化不足降低 PBGC-Fe/C-B 对低浓度 Cr（Ⅵ）污染水体的优秀吸附能力。

对于中高浓度的 Cr（Ⅵ）溶液（10 mg/L 和 50 mg/L），pH 对吸附的影响均较为显著。随着 pH 的升高，PBGC-Fe/C-B 对 Cr（Ⅵ）的吸附量分别由 0.997 1 mg/g 和 4.986 3 mg/g 下降为 0.556 2 mg/g 和 0.613 5 mg/g，相应去除率分别由 99.79%和 99.83%下降为 55.67%和 12.28%；PBGC-Fe/C-E 对 Cr（Ⅵ）的吸附量分别由 0.980 3 mg/g 和 2.783 9 mg/g 下降为 0.156 6 mg/g 和 0.231 5 mg/g，相应去除率分别由 98.3%和 55.72%下降为 15.7%和 4.63%。

特别地，当 pH 大于 2 以后，吸附量和去除率均随着 pH 的升高而迅速降低。这可能是因为 pH 接近并大于等电点（pH_{pzc} 约为 3，图 3.12）后，材料表面带负电荷，与 Cr（Ⅵ）的阴离子组分同极相斥，减少材料与离子接触机会，降低发生界面化学吸附机会。表明酸性条件有利于 Cr（Ⅵ）的吸附，特别是 pH＜3 时，PBGC-Fe/C 更易于吸附 Cr（Ⅵ），最佳吸附 pH 为 1～2。

4.1.4　吸附剂投加量

取初始浓度分别为 2 mg/L、10 mg/L 和 50 mg/L 的 50 mL Cr（Ⅵ）模拟溶液置于 100 mL 离心管中，调节 pH 为 1，分别加入 0.1 g、0.2 g、0.3 g、0.4 g、0.5 g、0.6 g、0.7 g、0.8 g、0.9 g 和 1.0 g 粒径小于 100 目的 PBGC-Fe/C 吸附剂，加盖后于 25℃、150 r/min 条件下水浴恒温振荡至吸附平衡，测定反应后滤液剩余 Cr（Ⅵ）浓度，分析吸附剂投加量的影响情况（图 4.4）。

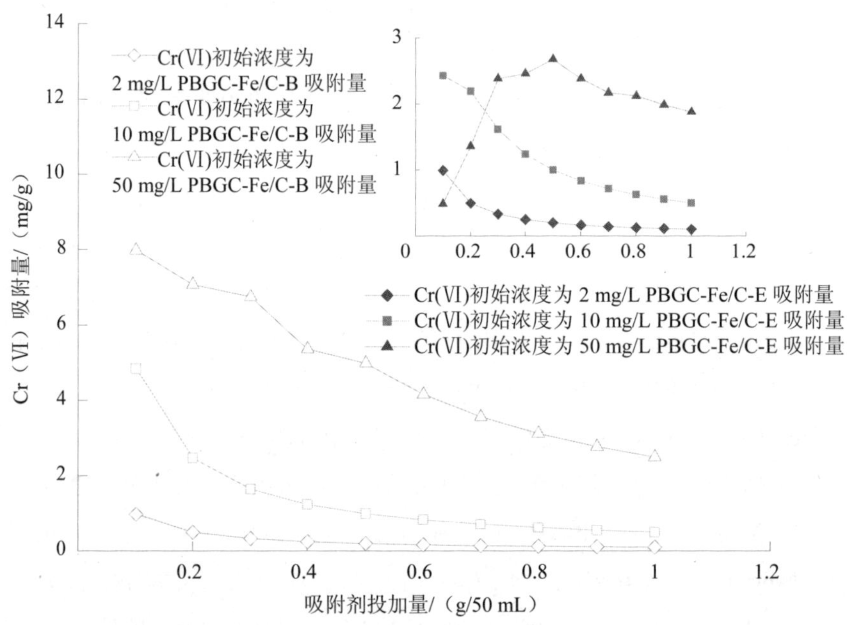

图 4.4　吸附剂投加量对 PBGC-Fe/C 吸附 Cr（Ⅵ）的影响

由图 4.4 可以看出，随着 PBGC-Fe/C-B 投加量的增加，3 种不同初始浓度条件下，对 Cr（Ⅵ）的吸附量均呈下降趋势，分别从 0.978 1 mg/g 下降到 0.099 2 mg/g（2 mg/L）、从 4.841 7 mg/g 下降到 0.498 8 mg/g（10 mg/L）和从 7.973 mg/g 下降到 2.494 1 mg/g（50 mg/L）；对中低浓度而言，PBGC-Fe/C-E 也显示出相同变化趋势，分别从 0.987 2 mg/g 降低到 0.099 6 mg/g（2 mg/L）和从 2.428 3 mg/g 降低到 0.499 5 mg/g（10 mg/L），而 50 mg/L 浓度系列则显示出先升高再下降的趋势。投加量为 0.5 g 时吸附量达到最大值 2.675 8 mg/g。就去除率而言，由于 PBGC-Fe/C-B 自身吸附容量较大，对中低浓度含 Cr（Ⅵ）废水（2 mg/L 和 10 mg/L）的去除率都几乎达到 100%，对 50 mg/L 的高浓度含 Cr（Ⅵ）废水去除率呈现逐渐增大的趋势（从 32.08%升高到 99.79%）。随着 PBGC-Fe/C-E 投加量的增加，2 mg/L、10 mg/L 和 50 mg/L 时 Cr（Ⅵ）的去除率分别由 98.91%、48.71%和 1.94%升高到 99.61%、99.93%和 75.04%。因此，研究表明 0.5 g 是吸附剂投加量适宜值，在此吸附剂投加量条件下，用 PBGC-Fe/C 吸附净化处理 2 mg/L 和 10 mg/L 含 Cr（Ⅵ）

废水，残余 Cr（Ⅵ）浓度均低于 0.1 mg/L，达到《污水综合排放标准》（GB 8978—1996）规定的 Cr（Ⅵ）最高允许排放浓度 0.5 mg/L。在对 50 mg/L 高浓度含 Cr（Ⅵ）废水的处理方面，PBGC-Fe/C-B 净化后残余量只有 0.11 mg/L，PBGC-Fe/C-E 净化后的处理残余量也只有 23.18 mg/L。

4.1.5　吸附剂种类及粒径

取初始浓度分别为 2 mg/L、10 mg/L 和 50 mg/L 的 Cr（Ⅵ）溶液 50 mL 分别置于 100 mL 聚乙烯离心管中，溶液初始 pH 取 2，加入粒径为＜100 目、80～100 目、60～80 目、40～60 目、20～40 目及块状未研磨的 PBGC-Fe/C 各 0.5 g，同时选用碳化毛竹、碳化桉木和氧化铁粉末开展材料种类对比实验。离心管加盖后在 25℃条件下恒温振荡至吸附平衡，吸附过程控制振荡条件为 150 r/min。研究同等条件下，不同粒径大小及不同种类吸附材料对 Cr（Ⅵ）吸附效果的影响（图 4.5 和图 4.6）。

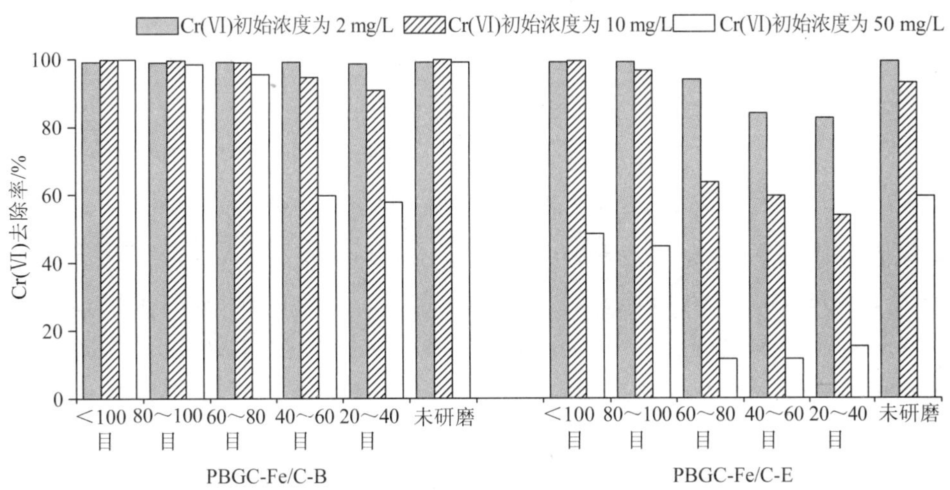

图 4.5　吸附剂粒径对 PBGC-Fe/C 吸附 Cr（Ⅵ）的影响

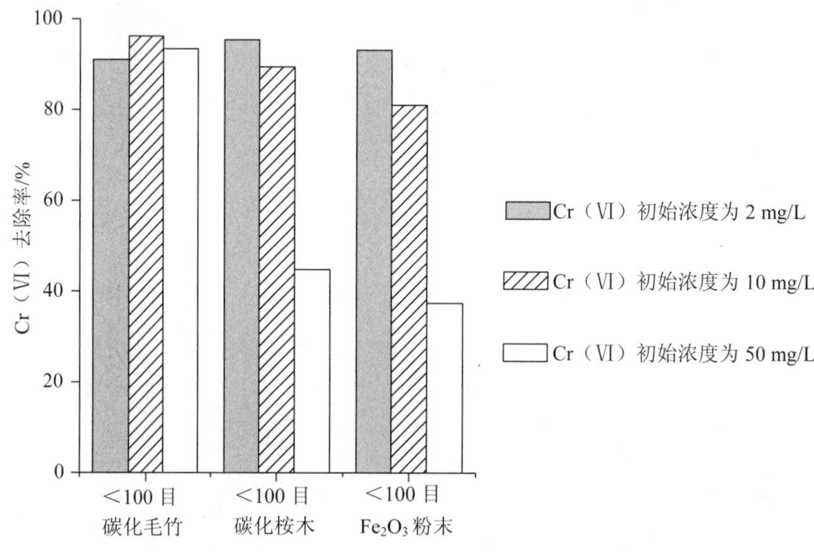

图 4.6 对比吸附剂种类对 PBGC-Fe/C 吸附 Cr（Ⅵ）的影响

如图 4.5 所示，吸附剂粒径对 PBGC-Fe/C 吸附净化水中 Cr（Ⅵ）有一定的影响，就研磨后样品实验而言，在 2 mg/L、10 mg/L 和 50 mg/L 溶液初始浓度下，Cr（Ⅵ）的去除率和吸附量随着复合材料粒径的减小而升高，去除率分别由 98.52%、90.71%和 57.76%升高到 99.04%、99.75%和 99.79%（PBGC-Fe/C-B），由 82.49%、52.83%和 15.23%增加到 98.98%、99.3%和 48.4%（PBGC-Fe/C-E）；吸附量则由 0.196 9 mg/g、0.906 6 mg/g 和 2.886 4 mg/g 分别上升到 0.197 9 mg/g、0.996 5 mg/g 和 4.986 4 mg/g（PBGC-Fe/C-B），或由 0.16 mg/g、0.54 mg/g 和 0.76 mg/g 上升到 0.2 mg/g、0.99 mg/g 和 2.42 mg/g（PBGC-Fe/C-E）。这是因为吸附剂粒径越小，其比表面积就越大，吸附能力也就越强。同时，结果显示，块状未研磨的 PBGC-Fe/C 对水中 Cr（Ⅵ）的吸附效果达到了 98.99%、99.72%和 98.98%（PBGC-Fe/C-B）及 99.18%、92.96%和 59.45%（PBGC-Fe/C-E），与其他研磨碎化后的吸附剂处理效果相当。

由图 4.6 可见，在溶液初始浓度为 2 mg/L、10 mg/L 和 50 mg/L，溶液初始 pH 为 2 的条件下，用碳化毛竹、碳化桉木和 Fe_2O_3 粉末处理相应浓度 Cr（Ⅵ）废水的去除率分别为 91.04%、96.25%和 93.42%（2 mg/L），95.39%、89.45%和 44.71%

（10 mg/L），以及 93.18%、81.09%和 37.34%（50 mg/L）。结合对图 4.5 的分析结果，实验选择的吸附剂吸附能力从高到低排序为：PBGC-Fe/C-B＞碳化毛竹＞PBGC-Fe/C-E＞碳化桉木＞Fe_2O_3 粉末。所用实验材料对低浓度含 Cr（Ⅵ）废水均能保持极高的处理效果。

将本研究制备的 PBGC-Fe/C 与其他种类氧化铁吸附剂进行水中 Cr（Ⅵ）去除效果对比，具体吸附条件和吸附量等对比数据如表 4.1 所示。

表 4.1　PBGC-Fe/C 与其他种类吸附剂去除水中 Cr（Ⅵ）的效果对比

吸附剂	pH	溶液初始浓度/（mg/L）	比表面积/（m^2/g）	粒径/mm	吸附温度/℃	方法	吸附量/（mg/g）	文献来源
PBGC-Fe/C-B	2～3	2	93.06	＞0.841	25	—	0.2	本研究
PBGC-Fe/C-B	2～3	10	93.06	＞0.841	25	—	1	本研究
PBGC-Fe/C-B	2～3	50	93.06	＞0.841	25	—	4.94	本研究
PBGC-Fe/C-B	2	10～400	93.06	＜0.149	25	Langmuir	30.61	本研究
PBGC-Fe/C-B	2	10～150	93.06	＜0.149	35	Langmuir	30.94	本研究
PBGC-Fe/C-B	2	10～150	93.06	＜0.149	45	Langmuir	32.88	本研究
PBGC-Fe/C-E	2～3	2	59.20	＞0.841	25	—	0.2	本研究
PBGC-Fe/C-E	2～3	10	59.20	＞0.841	25	—	0.92	本研究
PBGC-Fe/C-E	2～3	50	59.20	＞0.841	25	—	2.96	本研究
PBGC-Fe/C-E	2	10～150	—	＜0.149	25	Langmuir	4	本研究
PBGC-Fe/C-E	2	10～150	—	＜0.149	35	Langmuir	4.22	本研究
PBGC-Fe/C-E	2	10～150	—	＜0.149	45	Langmuir	4.52	本研究
α-Fe_2O_3	2～3	2	—	＜0.25	25	—	0.1	本研究
α-Fe_2O_3	2～3	10	—	＜0.25	25	—	0.27	本研究
α-Fe_2O_3	2～3	50	—	＜0.25	25	—	0.39	本研究
磁铁矿	3	10	—	0.389～0.5	25	—	0.43	[145]
磁铁矿	5.5	5	2.366	0.074～0.149	25	—	0.04	[145]
磁铁矿	不确定	5	4.29	＜0.074	25	—	0.2	[146]
磁铁矿	3.5	20～200	84	10～40 nm	室温	Freundlich	25	[30]
磁铁矿	2	20～180	—	30～30 nm	20	Langmuir	10.5	[147]
磁铁矿	2	50～500	—	100 nm	25	Langmuir	78.13	[148]
磁铁矿	2	10～200	—	40～300 nm	22.5	Freundlich	41	[149]
赤铁矿	3	10	—	0.389～0.5	25	—	0.63	[145]
赤铁矿	5.5	5	3.285	0.074～0.149	25	—	0.43	[145]
赤铁矿	8	0.1～16	1.7	0.053	室温	Langmuir	2.299	[27]
针铁矿	8	0.1～16	11.6	0.01	室温	Langmuir	1.955	[27]
未研磨 PBGC-Fe/C	7	0.25～3	280	0.32～2	25	Freundlich	0.788	[150]

由表 4.1 可知，在选择对比的材料中，在 pH 为 8、Cr（Ⅵ）溶液初始浓度在 0.1～16 mg/L 范围条件下，Johnson Matthey 提供的自然赤铁矿（纯度为 99.999%，粒径为 53 μm，比表面积为 1.7 m^2/g）可以获得最大吸附量 2.299 mg/g；同样条件下，Sigma–Aldrich 提供的针铁矿（含 35% Fe，粒径为 10 μm，比表面积为 11.6 m^2/g）获得最大吸附量 1.955 mg/g[27]。在 pH 为 3，Cr（Ⅵ）溶液初始浓度为 10 mg/L 的条件下，自然磁铁矿（粒径为 0.389～0.5 mm）可以获得最大 Cr（Ⅵ）吸附量 0.43 mg/g[145]；而在本研究中，控制 Cr（Ⅵ）溶液初始浓度为 2 mg/L、10 mg/L 和 50 mg/L，未研磨碎化的块状 PBGC-Fe/C 吸附容量可以达到 0.2 mg/g、1 mg/g 和 4.94 mg/g（PBGC-Fe/C-B）及 0.2 mg/g、0.92 mg/g 和 2.96 mg/g（PBGC-Fe/C-E）。可以看出，未研磨 PBGC-Fe/C 的吸附能力与前人报道的微粒氧化铁和纳米氧化铁材料相当。

4.1.6 正交实验结果分析

为了获取优化工艺组合，更好地研究各影响因素对吸附剂性能的影响，以吸附温度（A）、溶液初始浓度（B）、溶液初始 pH（C）、吸附剂粒径（D）、吸附剂投加量（E）和吸附时间（F）为影响因素，以吸附去除率为考核指标，对两种 PBGC-Fe/C 材料进行 $L_{18}(3^7)$ 正交实验设计，实验结果进行极差分析和方差分析，具体实验结果见表 4.2 至表 4.4 所示。

由表 4.2 和表 4.3 的极差分析可以得出各因素影响的主次顺序，具体为溶液初始 pH＞吸附剂投加量＞吸附温度＞溶液初始浓度＞吸附剂粒径＞吸附时间（PBGC-Fe/C-B）和溶液初始 pH＞吸附剂粒径＞溶液初始浓度＞吸附时间＞吸附温度＞吸附剂投加量（PBGC-Fe/C-E）。可见溶液初始 pH 对吸附净化水中 Cr（Ⅵ）的影响最为显著。结合静态单因素实验结果，获得优化工艺组合为：$C_1\ E_3\ A_3\ B_2\ D_1\ F_3$，即在 Cr（Ⅵ）溶液初始浓度为 10 mg/L，溶液初始 pH 为 1，吸附温度为 45℃，吸附剂粒径小于 100 目，吸附剂投加量为 0.5 g/50 mL，吸附时间为 5 h 时，PBGC-Fe/C-B 对水中 Cr（Ⅵ）的去除效果最佳；$C_1\ D_1\ B_1\ F_2\ A_2\ E_2$，即在溶液初始 pH 为 1，吸附剂粒径小于 100 目，Cr（Ⅵ）溶液初始浓度为 10 mg/L，吸附时间 7 h，吸附温度为 35℃，吸附剂投加量为 0.4 g/50 mL 时，PBGC-Fe/C-E 对水中 Cr（Ⅵ）的去除效果最佳。

表 4.2　PBGC-Fe/C-B 吸附 Cr（Ⅵ）的正交实验结果极差分析

实验批次	A/℃	B/（mg/L）	C（量纲一）	D/目	E/g	F/h	G（空列）	去除率/%
1	25	10	1	<100	0.3	1	1	99.42
2	25	20	2	80～100	0.4	3	2	95.41
3	25	30	3	未研磨	0.5	5	3	94.75
4	35	10	1	80～100	0.4	5	3	99.51
5	35	20	2	未研磨	0.5	1	1	97.08
6	35	30	3	<100	0.3	3	2	92.37
7	45	10	2	<100	0.5	3	3	99.1
8	45	20	3	80～100	0.3	5	1	96.02
9	45	30	1	未研磨	0.4	1	2	98.37
10	25	10	3	未研磨	0.4	3	1	96.19
11	25	20	1	<100	0.5	5	2	98.68
12	25	30	2	80～100	0.3	1	3	92.75
13	35	10	2	未研磨	0.3	5	2	93.54
14	35	20	3	<100	0.4	1	3	94.87
15	35	30	1	80～100	0.5	3	1	99.84
16	45	10	3	80～100	0.5	1	2	96.26
17	45	20	1	未研磨	0.3	3	3	97.58
18	45	30	2	<100	0.4	5	1	98.94
K_1	577.2	584.02	593.4	583.38	571.68	578.75		
K_2	577.21	579.64	576.82	579.79	583.29	580.49		
K_3	586.27	577.02	570.46	577.51	585.71	581.44		
$\overline{K_1}$	96.2	97.337	98.9	97.23	95.28	96.458	587.49	
$\overline{K_2}$	96.202	96.607	96.137	96.632	97.215	96.748	574.63	
$\overline{K_3}$	97.712	96.17	95.077	96.252	97.618	96.907	578.56	
R	1.512	1.167	3.823	0.978	2.338	0.448	2.143	

表 4.3 PBGC-Fe/C-E 吸附 Cr（Ⅵ）的正交实验结果极差分析

实验批次	A/℃	B/（mg/L）	C（量纲一）	D/目	E/g	F/h	G（空列）	去除率/%
1	25	10	1	<100	0.3	6	1	96.84
2	25	20	2	80～100	0.4	7	2	98.67
3	25	30	3	未研磨	0.5	8	3	90.77
4	35	10	1	80～100	0.4	8	3	98.9
5	35	20	2	未研磨	0.5	6	1	91.84
6	35	30	3	<100	0.3	7	2	95.99
7	45	10	2	<100	0.5	7	3	99.32
8	45	20	3	80～100	0.3	8	1	90.92
9	45	30	1	未研磨	0.4	6	2	95.28
10	25	10	3	未研磨	0.4	7	1	93.47
11	25	20	1	<100	0.5	8	2	99.13
12	25	30	2	80～100	0.3	6	3	95.47
13	35	10	2	未研磨	0.3	8	2	99.07
14	35	20	3	<100	0.4	6	3	96.41
15	35	30	1	80～100	0.5	7	1	99.46
16	45	10	3	80～100	0.5	6	2	98.23
17	45	20	1	未研磨	0.3	7	3	98.04
18	45	30	2	<100	0.4	8	1	97.45
K_1	574.35	585.83	587.65	585.14	576.33	574.07	572.98	
K_2	581.67	575.01	581.82	581.65	580.18	584.95	589.37	
K_3	579.24	574.42	565.79	568.47	578.75	576.24	582.91	
$\overline{K_1}$	95.725	97.638	97.942	97.523	96.055	95.678	95.497	
$\overline{K_2}$	96.945	95.835	96.97	96.942	96.697	97.492	98.228	
$\overline{K_3}$	96.54	95.737	94.298	94.745	96.458	96.04	97.152	
R	1.22	1.901	3.644	2.778	0.642	1.814	2.731	

表 4.4 各因素对 Cr（Ⅵ）去除率影响的方差分析

	因素	偏差平方和	自由度	F 比	显著性
PBGC-Fe/C-B	吸附温度	9.13	2	0.66	
	溶液初始浓度	4.169	2	0.301	
	溶液初始 pH	46.755	2	3.38	
	吸附剂粒径	2.919	2	0.211	
	吸附剂投加量	18.749	2	1.356	
	吸附时间	0.62	2	0.045	
	误差	96.82	14	—	
PBGC-Fe/C-E	吸附温度	4.633	2	0.267	
	溶液初始浓度	13.756	2	0.792	
	溶液初始 pH	42.712	2	2.458	
	吸附剂粒径	25.766	2	1.483	
	吸附剂投加量	1.262	2	0.073	
	吸附时间	11.053	2	0.636	
	误差	121.63	14	—	

注：本研究选取α=0.05 为判断差别是否显著的标准。

选择α=0.05 为判别显著性标准对正交实验结果进行分析（表 4.4），结果表明，选择的影响因素对 PBGC-Fe/C 吸附 Cr（Ⅵ）的影响均未达到显著水平。但溶液初始 pH 的偏差平方和最大，相对而言，溶液初始 pH 是影响吸附效果的最关键因素，分析结果与极差分析一致。

4.2 PBGC-Fe/C 对水中 As（Ⅴ）吸附的影响因素

以水中 As（Ⅴ）为目标元素，吸附时间、溶液初始浓度及温度、溶液初始 pH、吸附剂投加量、吸附剂种类及粒径为影响因素开展静态吸附净化模拟实验研究，阐明 PBGC-Fe/C 对水中 As（Ⅴ）的吸附影响情况。

4.2.1 吸附时间

分别将 0.5 g 粒径小于 100 目的 PBGC-Fe/C 和 50 mL 初始 pH 为 3、初始质量浓度分别为 5 mg/L、10 mg/L 和 50 mg/L 的模拟含 As(Ⅴ)废水加入规格为 100 mL 的聚乙烯离心管中，加盖后置于 25℃的水浴恒温振荡器中振荡，振荡时间分别为 5 min、10 min、15 min、20 min、30 min、60 min、120 min、180 min、240 min、300 min、360 min、420 min、480 min、540 min、720 min、1 080 min 和 1 440 min，溶液经离心分离、过滤后，分析其 As（Ⅴ）浓度，PBGC-Fe/C 对模拟含 As（Ⅴ）废水的去除效果随吸附时间的变化趋势如图 4.7 所示。

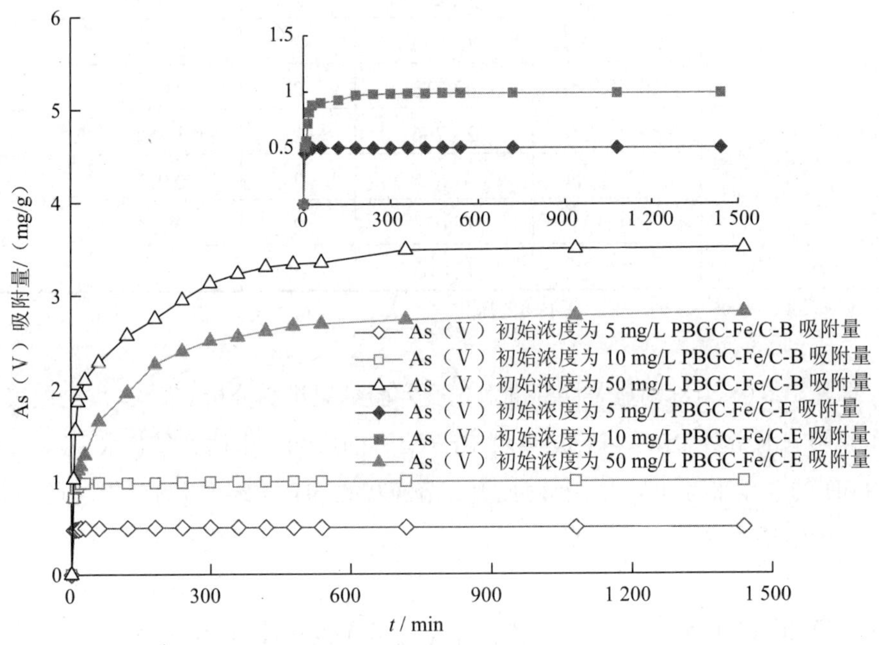

图 4.7 吸附时间对 PBGC-Fe/C 吸附 As（Ⅴ）的影响

从图 4.7 中可以看出，在吸附进行的初始阶段，PBGC-Fe/C 对 As（Ⅴ）的吸附量由于吸附剂与吸附质之间的范德华力作用而迅速上升，该时间段内曲线上升的坡度也较陡，之后随着时间的推移上升速度放缓，吸附速率逐渐减小；当吸附量不再增加时，可以认为吸附基本达到了平衡。PBGC-Fe/C-B 的吸附平衡时间比

PBGC-Fe/C-E 短，对溶液初始浓度为 5 mg/L 和 10 mg/L 的 As（Ⅴ）溶液，PBGC-Fe/C-B 吸附达到平衡所需的时间分别为 30 min 和 120 min，且残余 As（Ⅴ）浓度分别降至 0.01 mg/L 和 0.13 mg/L，去除率分别达到了 99.82%和 98.68%；PBGC-Fe/C-E 则分别需要 60 min 和 300 min，对应残余 As（Ⅴ）浓度分别降至 0.01 mg/L 和 0.17 mg/L。对高浓度（50 mg/L）模拟溶液而言，PBGC-Fe/C-B 吸附净化 As（Ⅴ）的优势更加明显，其吸附平衡时间只需 300 min，残余 As（Ⅴ）浓度可降至 18.67 mg/L，去除率达到 62.66%。PBGC-Fe/C-E 的吸附则需耗时 1 080 min 方可大致平衡，残余 As（Ⅴ）浓度为 22.19 mg/L，去除率为 55.62%。可见，PBGC-Fe/C-B 更适用于 As（Ⅴ）污染的应急处理，且可用于较高浓度含 As（Ⅴ）废水的吸附净化。

4.2.2 溶液初始浓度及温度

将 0.5 g 粒径小于 100 目的 PBGC-Fe/C 和初始 pH 为 3、As（Ⅴ）溶液初始浓度分别为 5 mg/L、10 mg/L、15 mg/L、20 mg/L、30 mg/L、40 mg/L、50 mg/L、75 mg/L 和 100 mg/L 的 50 mL 模拟含 As（Ⅴ）废水加入系列 100 mL 聚乙烯离心管中，加盖后放进恒温水浴振荡器中分别于 25℃、35℃和 45℃条件下振荡至吸附平衡，振荡频率为 150 r/min，吸附平衡后将样品取出，过 0.22 μm 滤膜，用石墨炉原子吸收光谱法测定滤液中 As（Ⅴ）浓度。

由图 4.8 可知，当温度在 25℃～45℃时，随着 As（Ⅴ）溶液初始浓度的升高，PBGC-Fe/C 对 As（Ⅴ）的吸附量呈逐渐增加趋势，去除率呈逐渐降低趋势。两种 PBGC-Fe/C 吸附剂随浓度变化的趋势类似。As（Ⅴ）溶液初始浓度范围在 5～100 mg/L 时，不同温度下 PBGC-Fe/C 对 As（Ⅴ）的吸附量随浓度增加的变化情况为：吸附量从 0.5 mg/g 上升至 4.55 mg/g（25℃），从 0.5 mg/g 上升至 5.33 mg/g（35℃），从 0.5 mg/g 上升至 4.89 mg/g（45℃）[PBGC-Fe/C-B]；从 0.5 mg/g 上升到 4.01 mg/g（25℃），从 0.5 mg/g 上升到 4.83 mg/g（35℃），从 0.5 mg/g 上升到 4.19 mg/g（45℃）[PBGC-Fe/C-E]。去除率的变化情况为：从 99.97%下降到 45.58%（25℃），从 99.58%下降到 53.3%（35℃），从 100%下降到 48.94.%（45℃）[PBGC-Fe/C-B]；从 99.97%下降到 40.1%（25℃），从 99.95%下降到 48.4%（35℃），从 99.92%下降到 42.05%（45℃）[PBGC-Fe/C-E]。从图中还可以看出，适当提高

温度有利于 PBGC-Fe/C 对 As（Ⅴ）的吸附，As（Ⅴ）溶液初始浓度小于 40 mg/L 时，温度对吸附量的影响不大，且增量较为一致；在 50～100 mg/L 范围内，各温度下的吸附量上升趋势不减，但从吸附量的角度看，35℃为 PBGC-Fe/C 吸附水中 As（Ⅴ）的适宜温度，其吸附量分别为 5.33 mg/g（PBGC-Fe/C-B）和 4.83 mg/g（PBGC-Fe/C-E）。

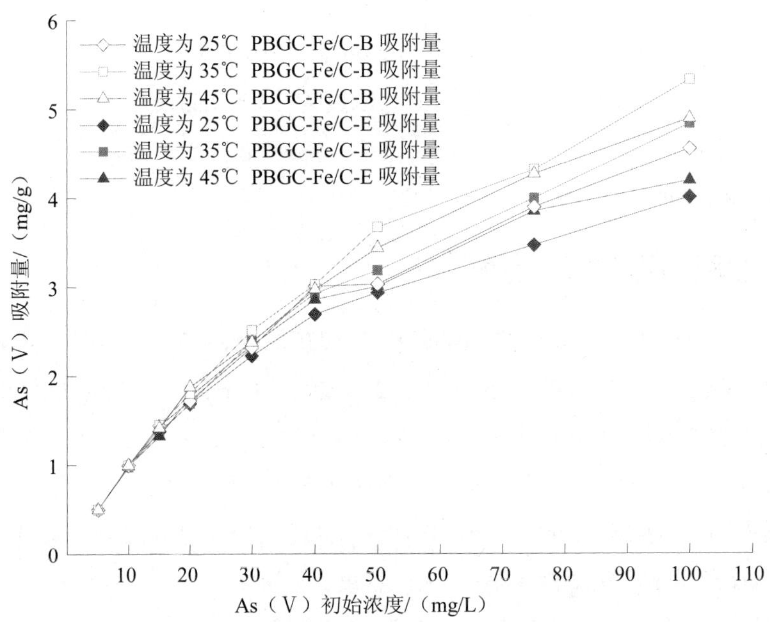

图 4.8　溶液初始浓度及温度对 PBGC-Fe/C 吸附 As（Ⅴ）的影响

4.2.3　溶液初始 pH

将 50 mL 溶液初始浓度为 5 mg/L、10 mg/L 和 50 mg/L 的 As（Ⅴ）模拟溶液加入 100 mL 聚乙烯离心管中，pH 分别调为 1、2、3、4、5、6、7、8、9 和 10，与 0.5 g 粒径小于 100 目的 PBGC-Fe/C 一同装入塑料离心管中加盖密封，于 25℃恒温水浴振荡器中进行振荡，振荡频率设定为 150 r/min，待吸附达到平衡后将样品取出过 0.22 μm 滤膜，测定滤液 As（Ⅴ）浓度，以分析不同浓度下溶液初始 pH 对 As（Ⅴ）吸附效果的影响（图 4.9）。

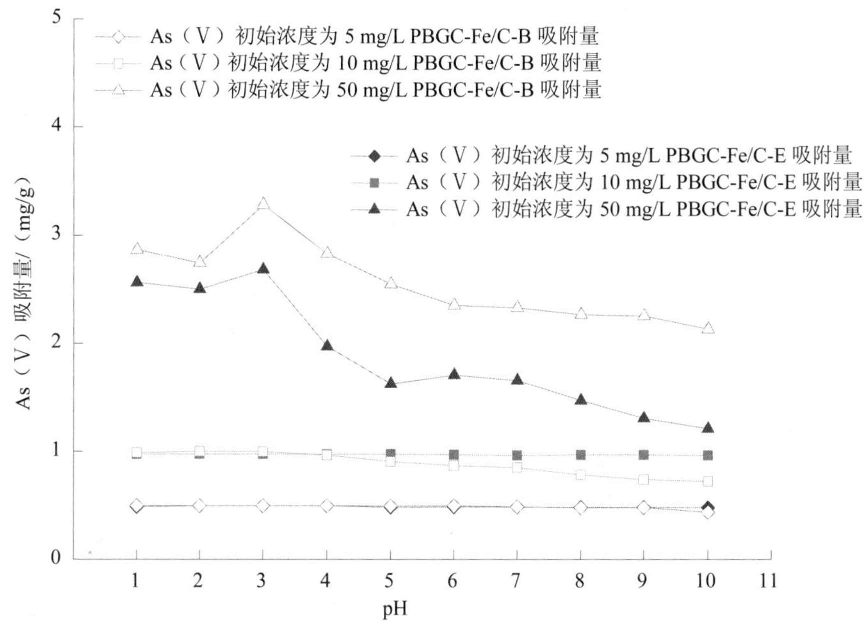

图 4.9　溶液初始 pH 对 PBGC-Fe/C 吸附 As（Ⅴ）的影响

由图 4.9 可以看出，溶液初始 pH 1～10 范围内，两种 PBGC-Fe/C 吸附剂对不同初始浓度 As（Ⅴ）溶液的吸附量影响有相同的趋势，中性偏酸性条件下，PBGC-Fe/C 对 As（Ⅴ）溶液的吸附效果较好，随着 pH 的升高，平衡溶液中 As（Ⅴ）浓度逐渐升高。研究结果表明，pH 为 3 时吸附效果最好，该条件下 PBGC-Fe/C 对溶液初始浓度为 5 mg/L、10 mg/L 和 50 mg/L 的 As（Ⅴ）溶液的吸附量可分别达到 0.5 mg/g、1 mg/g 和 3.28 mg/g（PBGC-Fe/C-B）及 0.5 mg/g、0.98 mg/g 和 2.68 mg/g（PBGC-Fe/C-E），相应去除率分别为 99.95%、99.98%和 65.66%（PBGC-Fe/C-B），以及 99.84%、98.27%和 53.60%（PBGC-Fe/C-E）。另外，PBGC-Fe/C-B 对初始浓度为 5 mg/L 和 10 mg/L 的 As（Ⅴ）溶液吸附后残余浓度分别为 0.002 3 mg/L 和 0.002 1 mg/L，PBGC-Fe/C-E 对初始浓度为 5 mg/L 的 As（Ⅴ）溶液吸附后残余浓度为 0.007 8 mg/L，均小于国家规定的《污水综合排放标准》（GB 8978—1996）总砷最高允许排放浓度 0.5 mg/L。pH≥3 后，PBGC-Fe/C 对水中砷的吸附变化曲线呈现出阴离子在氧化物/水界面吸附的典型“吸附边”形状[132]，即随着 pH 的升高，PBGC-Fe/C 对 As（V）的吸附量和去除率呈逐渐下降趋势，As（V）浓度越高，吸附曲线下降越明显。

4.2.4 吸附剂投加量

在 50 mL 溶液初始浓度分别为 5 mg/L、10 mg/L 和 50 mg/L 的 As（V）模拟废水溶液中加入不同质量粒径小于 100 目的 PBGC-Fe/C，投加量依次为 0.1 g、0.2 g、0.3 g、0.4 g、0.5 g、0.6 g、0.7 g、0.8 g、0.9 g 和 1 g，As（V）溶液初始 pH 取 3，加盖后于 25℃、150r/min 条件下水浴恒温振荡至吸附平衡，后取出样品过 0.22 μm 滤膜，用石墨炉原子吸收光谱法测定滤液 As（V）浓度，以分析吸附剂投加量对 As（V）吸附效果的影响（图 4.10）。

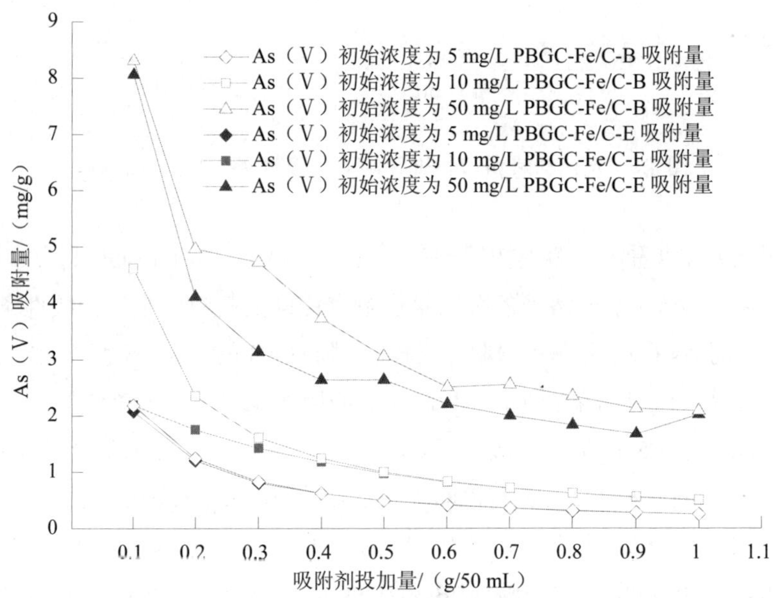

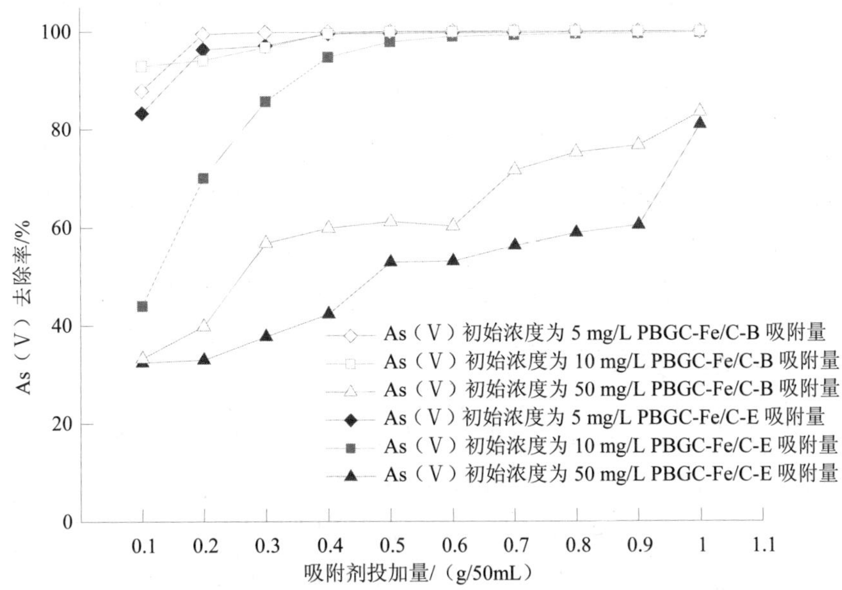

图 4.10　吸附剂投加量对 PBGC-Fe/C 吸附 As（Ⅴ）的影响

由图 4.10 可知，吸附剂投加量对 As（Ⅴ）的吸附效果有一定影响。吸附剂投加量从 0 g 增加到 0.5 g 时，PBGC-Fe/C 对初始浓度为 5 mg/L 和 10 mg/L 的 As（Ⅴ）溶液吸附量变化为：从 2.19 mg/g 和 4.62 mg/g 下降到 0.5 mg/g 和 1 mg/g（PBGC-Fe/C-B）及从 2.08 mg/g 和 2.19 mg/g 下降到 0.5 mg/g 和 0.98 mg/g（PBGC-Fe/C-E）；相应去除率变化为：从 87.92%和 92.94%增加到 99.91%和 99.92%（PBGC-Fe/C-B）及从 83.34%和 43.99%增加到 99.62%和 97.85%（PBGC-Fe/C-E），As（Ⅴ）已几乎完全被去除，因此吸附剂投加量高于 0.5 g 以后，吸附曲线趋向水平。

对高浓度含 As（Ⅴ）模拟溶液（50 mg/L）而言，PBGC-Fe/C 对其的吸附去除效率曲线呈现出持续上升趋势，最高去除率可达到 80%以上，然而吸附量与低浓度一样持续降低。原因可能是单位质量的 PBGC-Fe/C 吸附剂的活性吸附点位是有限的，在溶液中适当增加吸附剂能够增加单位面积内活性吸附点位的数量，有利于 As（Ⅴ）的吸附，但加入的吸附剂过多时，吸附剂的自身质量不断增加，而溶液中可吸附的 As（Ⅴ）有限，吸附量因此降低；另外，吸附剂投加量过大影响了吸附剂在溶液中的分散性，不利于其与溶液进行有效接触，对吸附产生了消极影响。

实验结果表明在投加量为 0.5 g 时，溶液初始浓度为 5 mg/L 和 10 mg/L 的含 As（Ⅴ）废液经过吸附处理后，剩余浓度分别降至 0.004 mg/L 和 0.08 mg/L（PBGC-Fe/C-B）及 0.02 mg/L 和 0.21 mg/L（PBGC-Fe/C-E），均达到《污水综合排放标准》（GB 8978—1996）中总砷的最高允许排放浓度（0.5 mg/L）。因此，结合考虑废水处理的经济适宜性，实验表明 0.5 g 为吸附剂适宜投加量。

4.2.5　吸附剂种类及粒径

取初始浓度分别为 5 mg/L、10 mg/L 和 50 mg/L 的 As（Ⅴ）溶液 50 mL 分别置于 100 mL 聚乙烯离心管中，溶液初始 pH 调节为 3，分别加入粒径为<100 目、80～100 目、60～80 目、40～60 目、20～40 目和未研磨的 PBGC-Fe/C 各 0.5 g，同时选取碳化毛竹、碳化桉木、氧化铁粉末进行吸附剂种类对比实验。离心管加盖后 25℃水浴恒温振荡至吸附平衡，吸附过程控制振荡条件为 150 r/min。图 4.11 和图 4.12 显示了不同粒径和不同吸附剂对 As（Ⅴ）吸附的效果。

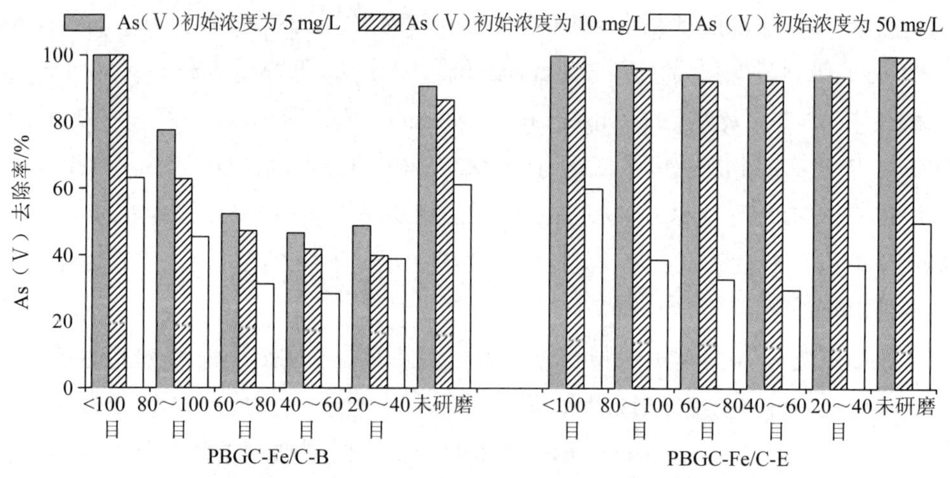

图 4.11　吸附剂粒径对 PBGC-Fe/C 吸附 As（Ⅴ）的影响

由图 4.11 可以看出，吸附剂粒径大小对 As（Ⅴ）的吸附效果有一定影响。其中，吸附剂粒径对 PBGC-Fe/C-B 吸附不同浓度溶液过程的影响都较为明显；PBGC-Fe/C-E 对低、中浓度 As（Ⅴ）溶液（5 mg/L 和 10 mg/L）的吸附无明显影响，而对高浓度 As（Ⅴ）溶液（50 mg/L）影响较为显著。实验结果表明，随着吸附剂粒径的减小，PBGC-Fe/C 对初始浓度为 5 mg/L、10 mg/L 和 50 mg/L 的 As（Ⅴ）溶液吸附效果不断提高，具体为吸附量由 0.24 mg/g、0.4 mg/g 和 1.94 mg/g 分别上升到 0.5 mg/g、1 mg/g 和 3.16 mg/g（PBGC-Fe/C-B），以及由 0.47 mg/g、0.94 mg/g 和 1.86 mg/g 分别上升到 0.5 mg/g、0.99 mg/g 和 3 mg/g（PBGC-Fe/C-E）；计算获得的相应去除率由 48.76%、39.88%和 38.88%分别增加到 99.91%、99.91%和 63.26%（PBGC-Fe/C-B），以及由 94.04%、93.61%和 37.18%分别增加到 99.94%、99.83%和 60.02%（PBGC-Fe/C-E）。这是因为吸附剂粒径越小，其比表面积就越大，吸附能力也就越强。同时，结果显示，在溶液初始浓度为 5 mg/L、10 mg/L 和 50 mg/L 条件下，块状未研磨的 PBGC-Fe/C 对水中 As（Ⅴ）的吸附效果分别达到了 90.75%、86.66%和 61.24%（PBGC-Fe/C-B）以及 99.88%、99.8%和 49.88%（PBGC-Fe/C-E），与研磨细化后的吸附剂处理效果相当。

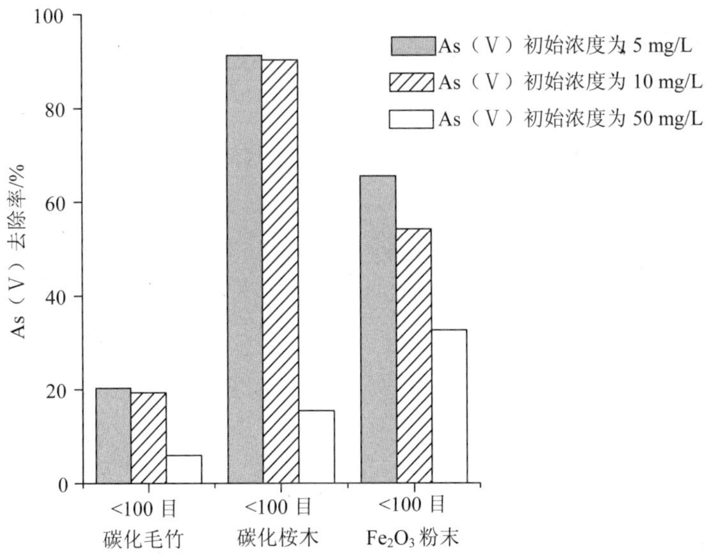

图 4.12　对比吸附剂种类对 PBGC-Fe/C 吸附 As（Ⅴ）的影响

由图 4.12 可以看出，溶液初始浓度分别为 5 mg/L、10 mg/L 和 50 mg/L，溶液初始 pH 为 3 的条件下，用碳化毛竹、碳化桉木和 Fe_2O_3 粉末处理相应浓度 As（V）废水的去除率分别为 20.24%、19.34%和 5.93%（5 mg/L），91.25%、90.33%和 15.48%（10 mg/L）及 65.56%、54.22%和 32.64%（50 mg/L）。因此，结合对图 4.11 的分析结果，材料的吸附能力从高到低排序依次为 PBGC-Fe/C-E＞碳化桉木＞PBGC-Fe/C-B＞Fe_2O_3 粉末＞碳化毛竹，PBGC-Fe/C-E 呈现出了优异的 As（V）吸附净化特性，且碳化桉木也具有良好的净化去除效果，PBGC-Fe/C-E 的粒径大小对较低浓度 As（V）的吸附净化效果影响不大，在实际应用中可酌情考虑降低研磨制作成本。

将本研究制备的 PBGC-Fe/C 与前人报道的具有相近粒径和比表面积的其他种类氧化铁吸附剂进行去除水体中 As（V）效果对比，具体如表 4.5 所示。

由表 4.5 可知，Giménez 等学者将赤铁矿、磁铁矿和针铁矿用于对水溶液中 As（V）的吸附研究，结果表明自然矿物质可以拥有与合成吸附剂类似的 As（V）吸附能力，其吸附能力大小在很大程度上受材料比表面积影响。比表面积为 0.38 m^2/g，粒径为 0.25 mm 的自然赤铁矿对 As（V）的吸附量为 0.1 mg/g；比表面积为 0.89 m^2/g，粒径为 0.1 mm 的自然磁铁矿对 As（V）的吸附量为 0.12 mg/g；比表面积为 2.01 m^2/g，粒径为 0.25 mm 的自然针铁矿对 As（V）的吸附量为 0.2 mg/g[151]。而在本研究中，控制原始 As（V）溶液浓度为 5 mg/L、10 mg/L 和 50 mg/L 时，未研磨碎化的块状 PBGC-Fe/C 对水中砷的吸附量可以达到 4.55 mg/g、5.33 mg/g 和 4.89 mg/g（PBGC-Fe/C-B）及 0.5 mg/g、0.99 mg/g 和 2.49 mg/g（PBGC-Fe/C-E）；可以看出，未研磨的 PBGC-Fe/C-B 在 3 种条件下的吸附量分别是天然赤铁矿的 45.5 倍、53.3 倍和 48.9 倍，是天然磁铁矿的 37.9 倍、44.4 倍和 40.8 倍。PBGC-Fe/C-E 在 3 种条件下的吸附量分别是天然赤铁矿的 5 倍、9.9 倍和 24.9 倍，是天然磁铁矿的 4.17 倍、8.25 倍和 20.75 倍。

表 4.5　PBGC-Fe/C 与其他种类吸附剂去除水中 As（V）的效果对比

吸附剂	pH	溶液初始浓度/（mg/L）	比表面积/（m^2/g）	粒径/mm	吸附温度/℃	方法	吸附量/（mg/g）	文献来源
PBGC-Fe/C-B	3	5	93.06	＞3	25	—	0.45	本研究
PBGC-Fe/C-B	3	10	93.06	＞3	25	—	0.86	本研究
PBGC-Fe/C-B	3	50	93.06	＞3	25	—	3.02	本研究
PBGC-Fe/C-B	3	5～100	93.06	＜0.149	25	Langmuir	4.55	本研究
PBGC-Fe/C-B	3	5～100	93.06	＜0.149	35	Langmuir	5.33	本研究
PBGC-Fe/C-B	3	5～100	93.06	＜0.149	45	Langmuir	4.89	本研究
PBGC-Fe/C-E	3	5	59.20	＞3	25	—	0.50	本研究
PBGC-Fe/C-E	3	10	59.20	＞3	25	—	0.99	本研究
PBGC-Fe/C-E	3	50	59.20	＞3	25	—	2.49	本研究
PBGC-Fe/C-E	3	5～100	—	＜0.149	25	Langmuir	3.99	本研究
PBGC-Fe/C-E	3	5～100	—	＜0.149	35	Langmuir	4.83	本研究
PBGC-Fe/C-E	3	5～100	—	＜0.149	45	Langmuir	4.27	本研究
α-Fe_2O_3	2～3	2	—	＜0.25	25	—	0.10	本研究
α-Fe_2O_3	2～3	10	—	＜0.25	25	—	0.27	本研究
α-Fe_2O_3	2～3	50	—	＜0.25	25	—	0.39	本研究
磁铁矿	6.5	0.075～75	0.89	0.1	室温	Langmuir	0.12	[151]
磁铁矿	6	0.075～15	1.6	—	室温	Langmuir	0.85	[152]
磁铁矿	4	0.5	—	28 nm	—	—	1.58	[153]
磁铁矿	6	0.3～100	—	17 nm	—	Langmuir	4.78	[154]
磁铁矿 98%，少量赤铁矿	5	5	6.58	—	—	—	0.05	[155]
赤铁矿	7.3	0.075～75	0.38	0.25	室温	Langmuir	0.10	[151]
赤铁矿	6	0.075～15	1.66	0.05	室温	Langmuir	0.41	[152]
赤铁矿	6	0.3～100	—	12 nm	—	Langmuir	4.90	[154]
赤铁矿 96%～98%，少量石英	5	5	3.77	—	—	—	0.21	[155]
赤铁矿 80.8%	4.2	10	14.4	0.200	30	Langmuir	0.20	[156]
针铁矿	7.5	0.075～75	2.01	0.25	室温	Langmuir	0.20	[151]
针铁矿	6	0.075～15	11.61	0.01	室温	Langmuir	1.218	[152]
针铁矿 99%	5	5	12.1	—	—	—	0.05	[155]

另外，有其他研究报道显示，市场购置的磁铁矿（比表面积为 1.6 m^2/g）对 As（Ⅴ）的吸附量为 0.85 mg/g，市场购置的赤铁矿（比表面积为 1.66 m^2/g，粒径为 0.05 mm）对 As（Ⅴ）的吸附量为 0.41 mg/g，市场购置的针铁矿（比表面积为 11.61 m^2/g，粒径为 1.22 mm）对 As（Ⅴ）的吸附量为 1.22 mg/g[152]。也有研究报道认为磁铁矿（粒径为 28 nm）对 As（Ⅴ）的吸附量为 1.575 mg/g[153]。可以看出，上述提及的材料对 As（Ⅴ）的吸附能力均大大低于本研究制备的 PBGC-Fe/C。还有学者使用粒径为 12 nm、20 nm 和 300 nm 的磁铁矿对砷开展吸附研究，证实粒径越小，其具备的吸附能力越强，然而，过于细腻的粉末吸附剂平衡吸附后难以回收利用，并且难以进行固液分离净化[154–156]。

4.2.6 正交实验结果分析

为了更好地考核各因素对吸附剂性能影响的大小，以期获得优化工艺组合，以吸附温度（A）、溶液初始浓度（B）、溶液初始 pH（C）、吸附剂粒径（D）、吸附剂投加量（E）和吸附时间（F）为影响因素，以吸附去除率为考核指标，对两种 PBGC-Fe/C 材料对 As（Ⅴ）的吸附进行 L_{18}（3^7）正交实验设计，对实验结果进行极差分析和方差分析。具体的实验结果见表 4.6 至表 4.8 所示。

由表 4.6 和表 4.7 可知，按极差 R 大小分析排列出各因素影响的主次顺序依次为：溶液初始 pH＞吸附剂粒径＞吸附剂投加量＞As（Ⅴ）溶液初始浓度＞吸附时间＞吸附温度（PBGC-Fe/C-B）和溶液初始 pH＞吸附剂投加量＞吸附剂粒径＞As（Ⅴ）溶液初始浓度＞吸附时间＞吸附温度（PBGC-Fe/C-E）。可见溶液初始 pH 对 PBGC-Fe/C 吸附中低浓度 As（Ⅴ）的影响最为显著，且吸附剂粒径及其投加量也是不可忽略的重要影响因素之一，其余因素在实验设定的条件范围内对吸附效果的影响不大。结合 K_1、K_2 和 K_3 的分析，获得工艺优化组合为：$C_2\,D_1\,E_3\,B_2\,F_2\,A_2$，即当 As（Ⅴ）溶液初始浓度为 10 mg/L，溶液初始 pH 为 3，吸附温度为 35℃，吸附剂粒径小于 100 目，吸附剂投加量为 0.6 g/50 mL，吸附时间为 7 h 时，PBGC-Fe/C-B 对 As（Ⅴ）的去除效果最佳；$C_2\,E_3\,D_2\,B_1\,F_3\,A_2$，即当吸附剂投加量为 0.6 g/50 mL、吸附剂粒径小于 100 目，溶液初始 pH 为 3、As（Ⅴ）溶液初始浓度为 10 mg/L，吸附温度为 35℃，吸附时间为 8 h 时，PBGC-Fe/C-E 对 As（Ⅴ）的去除率最佳。

表 4.6 PBGC-Fe/C-B 吸附 As（V）的正交实验结果极差分析

实验批次	A/℃	B/(mg/L)	C（量纲一）	D/目	E/g	F/h	G（空列）	去除率/%
1	25	10	2	＜100	0.4	6	1	92.83
2	25	15	3	80～100	0.5	7	2	82.79
3	25	20	4	未研磨	0.6	8	3	74.08
4	35	10	2	80～100	0.5	8	3	79.62
5	35	15	3	未研磨	0.6	6	1	90.38
6	35	20	4	＜100	0.4	7	2	74.29
7	45	10	3	＜100	0.6	7	3	98.71
8	45	15	4	80～100	0.4	8	1	76.4
9	45	20	2	未研磨	0.5	6	2	78.16
10	25	10	4	未研磨	0.5	7	1	80.98
11	25	15	2	＜100	0.6	8	2	91.66
12	25	20	3	80～100	0.4	6	3	80.52
13	35	10	3	未研磨	0.4	8	2	89.01
14	35	15	4	＜100	0.5	6	3	84.44
15	35	20	2	80～100	0.6	7	1	89.54
16	45	10	4	80～100	0.6	6	2	74.3
17	45	15	2	未研磨	0.5	7	3	82.05
18	45	20	3	＜100	0.4	8	1	96.37
K_1	502.86	515.45	513.86	538.3	495.1	500.63	526.5	
K_2	507.26	507.72	537.78	483.17	502.36	508.36	490.21	
K_3	505.99	492.96	464.49	494.66	518.67	507.14	499.42	
$\overline{K_1}$	83.81	85.908	85.643	89.717	82.517	83.438	87.75	
$\overline{K_2}$	84.547	84.62	89.63	80.528	83.727	84.727	81.702	
$\overline{K_3}$	84.332	82.16	77.415	82.443	86.445	84.523	83.237	
R	0.737	3.748	12.215	9.188	3.928	1.228	6.048	

表 4.7 PBGC-Fe/C-E 吸附 As（V）的正交实验结果极差分析

实验批次	*A*/℃	*B*/（mg/L）	*C*（量纲一）	*D*/目	*E*/g	*F*/h	*G*（空列）	去除率/%
1	25	10	2	80～100	0.4	6	1	65.67
2	25	15	3	＜100	0.5	7	2	78.77
3	25	20	4	未研磨	0.6	8	3	68.83
4	35	10	2	＜100	0.5	8	3	90.61
5	35	15	3	未研磨	0.6	6	1	92.99
6	35	20	4	80～100	0.4	7	2	52.55
7	45	10	3	80～100	0.6	7	3	81.76
8	45	15	4	＜100	0.4	8	1	69.9
9	45	20	2	未研磨	0.5	6	2	77.6
10	25	10	4	未研磨	0.5	7	1	74.37
11	25	15	2	80～100	0.6	8	2	95.85
12	25	20	3	＜100	0.4	6	3	79.84
13	35	10	3	未研磨	0.4	8	2	88.52
14	35	15	4	80～100	0.5	6	3	66.48
15	35	20	2	＜100	0.6	7	1	87.27
16	45	10	4	＜100	0.6	6	2	86.5
17	45	15	2	未研磨	0.4	7	3	83.2
18	45	20	3	80～100	0.5	8	1	79.13
K_1	463.33	487.43	500.20	441.44	439.68	469.08	469.33	
K_2	478.42	487.19	501.01	492.89	466.96	457.92	479.79	
K_3	478.09	445.22	418.63	485.51	513.20	492.84	470.72	
$\overline{K_1}$	77.222	81.238	83.367	73.573	73.280	78.180	78.222	
$\overline{K_2}$	79.737	81.198	83.502	82.148	77.827	76.320	79.965	
$\overline{K_3}$	79.682	74.203	69.772	80.918	85.533	82.140	78.453	
R	2.515	7.035	13.730	8.575	12.253	5.820	1.743	

表 4.8　各因素对 As（Ⅴ）去除率影响的方差分析

	因素	偏差平方和	自由度	F 比	显著性
PBGC-Fe/C-B	吸附温度	1.722	2	0.012	
	溶液初始浓度	43.523	2	0.315	
	溶液初始 pH	465.51	2	3.375	
	吸附剂粒径	281.988	2	2.044	
	吸附剂投加量	48.57	2	0.352	
	吸附时间	5.757	2	0.042	
	误差	847.173	14	—	
PBGC-Fe/C-E	吸附温度	24.76	2	0.096	
	溶液初始浓度	196.846	2	0.764	
	溶液初始 pH	746.71	2	2.898	
	吸附剂粒径	257.985	2	1.001	
	吸附剂投加量	460.418	2	1.787	
	吸附时间	106.027	2	0.412	
	误差	1 803.5	14	—	

注：本研究选取α=0.05 为判断差别是否显著的标准。

由表 4.8 可知，选择α=0.05 为判别显著性标准对正交实验结果进行分析，结果表明，以 As（Ⅴ）去除率为影响指标，选择的影响因素对 PBGC-Fe/C 吸附 As（Ⅴ）的影响均未达到显著水平。相对而言，溶液初始 pH 的偏差平方和最大，其对 As（Ⅴ）去除率的影响最为关键，分析结果与极差分析一致。

4.3　PBGC-Fe/C 对水中 P（Ⅴ）吸附的影响因素

为考察 PBGC-Fe/C 对水污染控制工程中多种指标的净化功能，以水中 P（Ⅴ）为目标组分，吸附时间、溶液初始浓度及温度、溶液初始 pH、吸附剂投加量、吸附剂种类及粒径为影响因素开展对比静态吸附净化模拟实验研究，阐明 PBGC-Fe/C 对水中 P（Ⅴ）吸附过程的影响情况。

4.3.1 吸附时间

将 0.5 g 的 PBGC-Fe/C 和 50 mL 溶液初始 pH 为 3、溶液初始浓度分别为 2 mg/L、5 mg/L 和 10 mg/L 的含 P（V）模拟废水分别加入 100 mL 聚乙烯离心管中，加盖后于 25℃，150 r/min 条件下恒温振荡，每隔一定时间（5 min、10 min、15 min、20 min、30 min、60 min、120 min、180 min、240 min、300 min、360 min、420 min、480 min、540 min、720 min、1 080 min 和 1 440 min）将样品取出，分析溶液中 P（V）浓度，以考察材料对 P（V）的去除效果随着时间的变化趋势（图 4.13）。

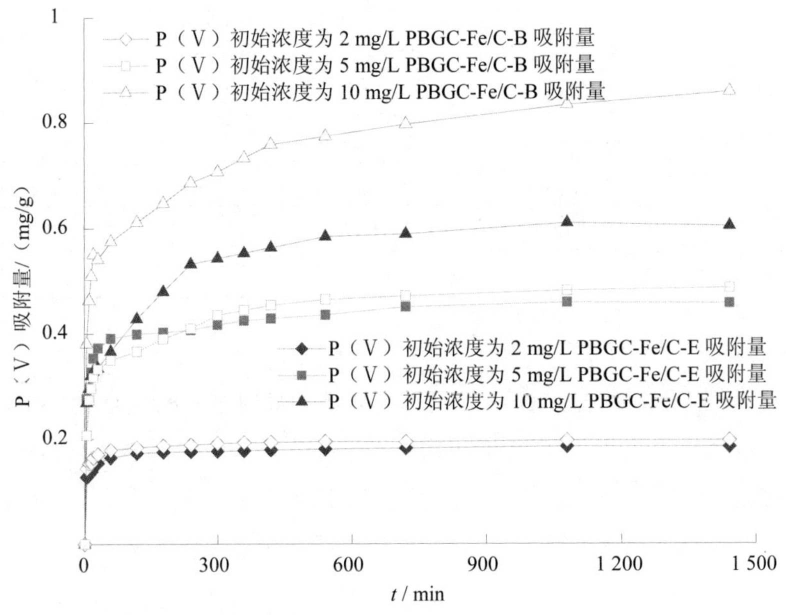

图 4.13 吸附时间对 PBGC-Fe/C 吸附 P（V）的影响

从图 4.13 中可以看出，在吸附进行的 0～30 min 阶段，PBGC-Fe/C 对 P（V）的吸附速率较大，吸附量迅速攀升，该时间段内曲线上升的坡度较陡，随着吸附反应的不断进行，吸附速率降低；最后吸附量基本保持不变，吸附基本达到平衡。溶液初始浓度为 2 mg/L、5 mg/L 和 10 mg/L 的 P（V）溶液吸附达到平衡所需的时间分别为 180 min、540 min 和 1 080 min（PBGC-Fe/C-B）及 120 min、360 min

和 540 min（PBGC-Fe/C-E）。达到吸附平衡时，溶液初始浓度为 2 mg/L、5 mg/L 和 10 mg/L 的 P（Ⅴ）溶液吸附量分别为：0.186 7 mg/g、0.471 mg/g 和 0.858 9 mg/g（PBGC-Fe/C-B）及 0.172 7 mg/g、0.424 4 mg/g 和 0.584 2 mg/g（PBGC-Fe/C-E），吸附率均高于 90%，且到达平衡后，吸附速率基本低于 0.001 mg/min。由图 4.13 可知，PBGC-Fe/C-B 对水中 P（Ⅴ）的吸附净化较具优势，吸附平衡时间较短，然而目标污染组分的初始浓度对其有较大影响，一般而言，吸附平衡时间随 P（Ⅴ）浓度的增大而延长。

4.3.2 溶液初始浓度及温度

将 50 mL 初始 pH 为 3、P（Ⅴ）溶液初始浓度分别为 2 mg/L、5 mg/L、10 mg/L、15 mg/L、20 mg/L、25 mg/L、30 mg/L、40 mg/L 和 50 mg/L 的模拟含 P（Ⅴ）废水分别加入 100 mL 的塑料离心管中，加入 0.5 g 粒径小于 100 目的 PBGC-Fe/C，充分混合后加盖密封，分别置于温度为 25℃、35℃和 45℃的恒温水浴振荡器中进行振荡，振荡频率为 150 r/min，待吸附达到平衡后将样品取出用中速滤纸过滤，并用分光光度法测定滤液中 P（Ⅴ）质量浓度（图 4.14）。

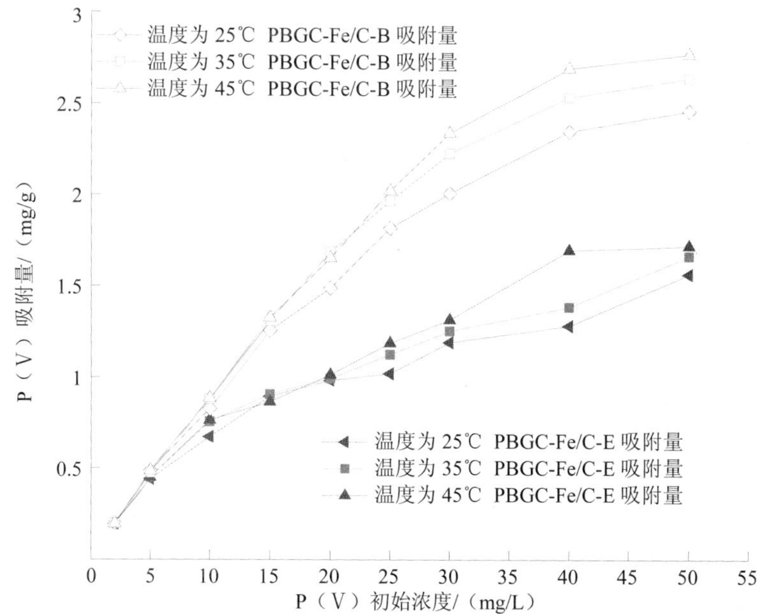

图 4.14 溶液初始浓度及温度对 PBGC-Fe/C 吸附 P（Ⅴ）的影响

由图 4.14 可知，两种 PBGC-Fe/C 吸附剂受吸附温度及溶液初始浓度影响情况较为一致。当温度在 25℃～45℃时，随着 P（Ⅴ）溶液初始浓度的升高，PBGC-Fe/C 对 P（Ⅴ）的吸附量呈逐渐增加趋势，去除率呈逐渐降低的趋势，其中，初始浓度低于 40 mg/L 的时候，各温度条件下 PBGC-Fe/C-B 对 P（Ⅴ）的吸附量和去除率变化均较快。P（Ⅴ）溶液初始浓度在 5～50 mg/L 时，PBGC-Fe/C-B 对 P（Ⅴ）的吸附效果变化情况为：吸附量从 0.2 mg/g 上升至 2.46 mg/g（25℃），从 0.2 mg/g 上升至 2.64 mg/g（35℃），从 0.2 mg/g 上升至 2.77 mg/g（45℃）；去除率从 99.21%下降到 49.17%（25℃），从 99.36%下降到 52.78%（35℃），从 99.76%下降到 55.39%（45℃）。温度为 25℃、35℃和 45℃条件下，PBGC-Fe/C-E 对 P（Ⅴ）的吸附量和去除率在溶液初始浓度低于 20 mg/L 时变化较快，后期则较为平缓；初始浓度在 5～50 mg/L 范围内，其吸附效果变化情况为：吸附量从从 0.2 mg/g 上升到 1.56 mg/g（25℃），从 0.2 mg/g 上升到 1.66 mg/g（35℃），从 0.2 mg/g 上升到 1.72 mg/g（45℃）；去除率从 98.04%下降到 31.26%（25℃），从 98.55%下降到 33.32%（35℃），从 99.06%下降到 34.35%（45℃）。从图中还可以看出，PBGC-Fe/C-B 的吸附效果受浓度变化影响相对较大，且适当地提高吸附温度有利于 PBGC-Fe/C 对 P（Ⅴ）的吸附。当吸附温度为 45℃，P（Ⅴ）溶液初始浓度为 50 mg/L 时分别达到最大吸附量 2.77 mg/g（PBGC-Fe/C-B）和 1.72 mg/g（PBGC-Fe/C-E）。

4.3.3 溶液初始 pH

将 50 mL 初始浓度分别为 2 mg/L、5 mg/L 和 10 mg/L 的 P（Ⅴ）溶液加入 100 mL 聚乙烯离心管中，pH 分别为 1、2、3、4、5、6、7、8、9 和 10。每个离心管中加入 0.5 g 粒径小于 100 目的吸附剂，加盖后于 25℃水浴恒温器中振荡（振荡频率设定为 150 r/min）至吸附平衡，将样品取出在装有中速滤纸的漏斗上过滤，用分光光度法测定滤液中 P（Ⅴ）的浓度，研究溶液初始 pH 对不同浓度 P（Ⅴ）溶液的吸附效果影响情况（图 4.15）。

从图 4.15 中可以看出，在 pH 为 1～10 范围内，PBGC-Fe/C 对 2 mg/L、5 mg/L 和 10 mg/L 3 种初始浓度 P（Ⅴ）溶液的去除率和吸附量有着相似的变化趋势。pH 在 1～3，PBGC-Fe/C 呈正电性（pHzpc=3.1 左右），而水中的磷酸盐多以 $H_2PO_4^-$ 离子形式存在；pH 在 7～10，以 HPO_4^{2-} 离子形式存在。弱酸性环境下，PBGC-Fe/C

表面负载的氧化铁带正电荷，与 $H_2PO_4^-$离子产生静电吸附，生成溶解度小、稳定性好的络合物 $FeH_2PO_4^{2+}$，以此除去水中的磷酸根[157]。

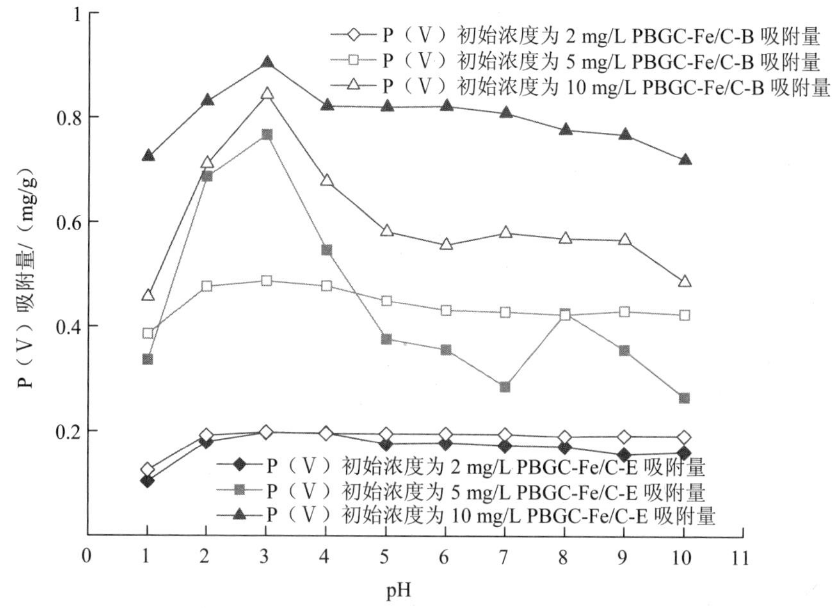

图 4.15 溶液初始 pH 对 PBGC-Fe/C 吸附 P（V）的影响

在强酸性或强碱性条件下，溶液中 H^+或 OH^-浓度较高，占据了部分吸附位，会与 P（V）产生竞争吸附，不利于 PBGC-Fe/C 对 P（V）的吸附。由于 OH^-带负电，与 $H_2PO_4^-$等离子产生静电排斥，因此碱性条件不利于吸附的进行。

当 pH 为 3，溶液初始浓度为 2 mg/L、5 mg/L 和 10 mg/L 时 P（V）溶液的去除率和吸附量达到最大值，去除率分别为 99.21%、97.5%和 84.44%（PBGC-Fe/C-B）及 99%、90.55%和 76.89%（PBGC-Fe/C-E），吸附量分别为 0.2 mg/g、0.49 mg/g 和 0.84 mg/g（PBGC-Fe/C-B）及 0.2 mg/g、0.77 mg/g 和 0.9 mg/g（PBGC-Fe/C-E），表明弱酸性条件下有利于吸附的进行。故本实验以 pH 为 3 为适宜选择。

4.3.4 吸附剂投加量

在 50 mL 初始浓度分别为 2 mg/L、5 mg/L 和 10 mg/L 的 P（V）模拟废水中加入不同质量粒径小于 100 目的 PBGC-Fe/C，吸附剂投加量依次为 0.1 g、0.2 g、

0.3 g、0.4 g、0.5 g、0.6 g、0.7 g、0.8 g、0.9 g 和 1 g，P（V）溶液初始 pH 取 3，加盖封装离心管后于温度为 25℃的恒温水浴振荡器中进行振荡，振荡频率取 150 r/min。吸附平衡后测定滤液 P（V）的剩余浓度（图 4.16）。

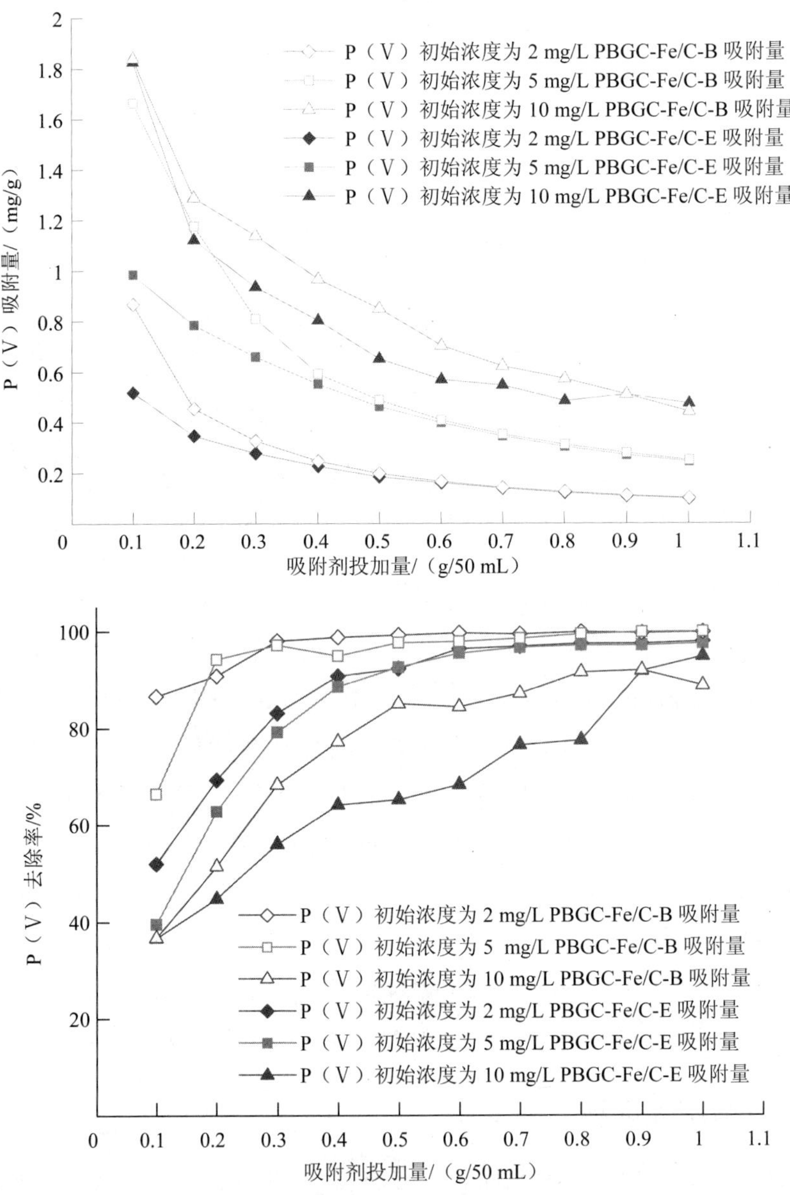

图 4.16 吸附剂投加量对 PBGC-Fe/C 吸附 P（V）的影响

由图 4.16 可以看出，吸附剂投加量的变化对 P（Ⅴ）的吸附效果有一定影响，随着 PBGC-Fe/C 用量的增加，不同浓度下的 P（Ⅴ）吸附量均呈下降趋势，去除率则逐渐增大。当溶液初始浓度为 2 mg/L、5 mg/L 和 10 mg/L 时，PBGC-Fe/C-B 对 P（Ⅴ）的吸附去除率分别由 86.61%、66.51%和 36.78%增加到 99.84%、99.94%和 88.83%，但吸附量却分别由 0.87 mg/g、1.66 mg/g 和 1.84 mg/g 下降到 0.1 mg/g、0.25 mg/g 和 0.44 mg/g。PBGC-Fe/C-E 对 P（Ⅴ）的吸附去除率分别由 52.02%、39.56%和 36.7%增加到 97.96%、97.55%和 94.9%，但吸附量却分别由 0.52 mg/g、0.98 mg/g 和 1.82 mg/g 下降到 0.1 mg/g、0.24 mg/g 和 0.47 mg/g。由于单位质量的复合材料吸附剂活性吸附点位是有限的，在溶液中适当地增加吸附剂的加入量，能够增加单位面积内活性吸附点位的数量，有利于对 P（Ⅴ）的吸附，但加入吸附剂过多会影响吸附剂在溶液中的分散性从而对吸附产生负影响，去除率的增量逐渐放缓，而且从经济性的角度考虑也是不利的。实际应用中应结合具体情况考虑吸附剂的投加量，实验结果表明，适宜的吸附剂投加量为 0.5 g。初始浓度为 2 mg/L 和 5 mg/L 的 P（Ⅴ）溶液经过 0.5 g PBGC-Fe/C 吸附处理后，P（Ⅴ）的质量浓度分别降为 0.02 mg/L 和 0.12 mg/L（PBGC-Fe/C-B）及 0.15 mg/L 和 0.38 mg/L（PBGC-Fe/C-E），均低于《污水综合排放标准》（GB 8978—1996）中磷酸盐污染物排放一级标准的 0.5 mg/L。

4.3.5　吸附剂种类及粒径

在一系列 100 mL 的塑料离心管中分别加入 50 mL 初始浓度为 2 mg/L、5 mg/L 和 10 mg/L 的 P（Ⅴ）溶液和 0.5 g 不同粒径大小的 PBGC-Fe/C，溶液初始 pH 取 3，吸附温度控制在 25℃，振荡条件为 150 r/min，粒径分别为未研磨、20～40 目、40～60 目、60～80 目、80～100 目和小于 100 目，同时引入碳化毛竹、碳化桉木和氧化铁开展吸附剂种类对比实验，结果如图 4.17 和图 4.18 所示。

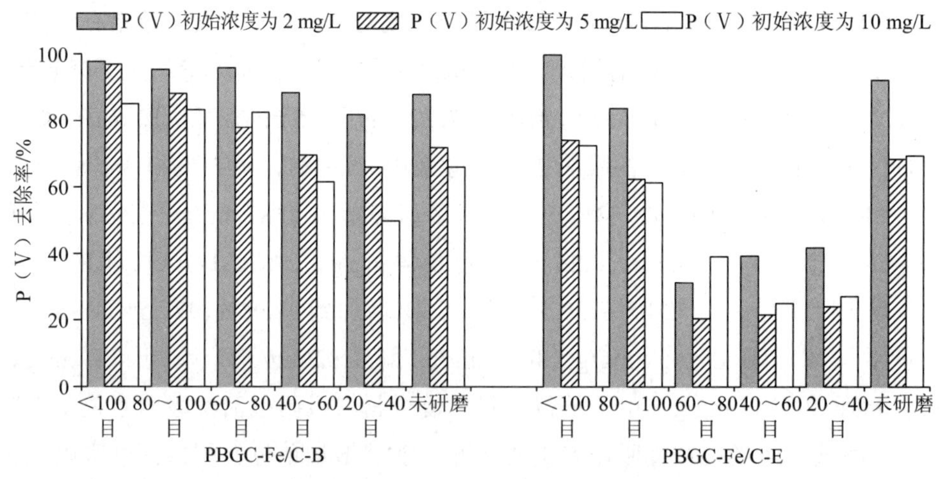

图 4.17 吸附剂粒径对 PBGC-Fe/C 吸附 P（Ⅴ）的影响

从图 4.17 可以看出，吸附剂粒径对 P（Ⅴ）的吸附效果有一定影响，吸附率随着 PBGC-Fe/C 粒径的变大而降低。PBGC-Fe/C-B 对溶液初始浓度为 2 mg/L、5 mg/L 和 10 mg/L 的 P（Ⅴ）的吸附率依次为 97.72%、96.94%和 85.07%（小于 100 目），95.53%、88.15%和 83.29%（80～100 目），95.8%、77.9%和 82.5%（60～80 目），88.32%、69.52%和 61.55%（40～60 目），81.84%、65.93%和 49.82%（20～40 目），以及 92.95%、87.92%和 61.31%（块状复合材料）。PBGC-Fe/C-E 的吸附率则依次为 99.81%、74.05%和 72.41%（小于 100 目），83.69%、62.36%和 61.33%（80～100 目），31.28%、20.43%和 39.15%（60～80 目），39.34%、21.64%和 25.05%（40～60 目），41.86%、24.06%和 27.06%（20～40 目），以及 92.25%、68.4%和 69.39（块状复合材料）。可见，吸附剂粒径越小，其比表面积就越大，吸附能力也就越强。因此本实验选取小于 100 目为吸附剂适宜粒径。

另外，实验结果表明，块状未研磨的 PBGC-Fe/C 对水中 P（Ⅴ）的吸附效果与研磨细化后的吸附剂处理效果相当，这正是本实验所制备材料的最大优点，利用植物模板充分提高了材料的孔隙率和比表面积，材料无须研磨细化，均可达到良好的吸附效果，材料可作为吸附柱的块状填料使用，且对水体污染物质进行吸附处理后，利于后续固液分离净化工艺的进行。

由图 4.17 和图 4.18 可知，相同的实验条件下，用碳化毛竹、碳化桉木和 Fe_2O_3

粉末处理不同初始浓度的含 P（Ⅴ）溶液，去除率分别为 25.79%、15.28%和 8.07%（2 mg/L），31.28%、14.78%和 2.87%（5 mg/L），以及 45.74%、27.24%和 14.35%（10 mg/L）。因此，吸附能力从高到低排序依次为 PBGC-Fe/C-B＞PBGC-Fe/C-E＞Fe_2O_3 粉末＞碳化桉木＞碳化毛竹。表明植物模板与氧化铁结合吸附除 P（Ⅴ）效果好于单独的纯碳化材料与氧化铁。

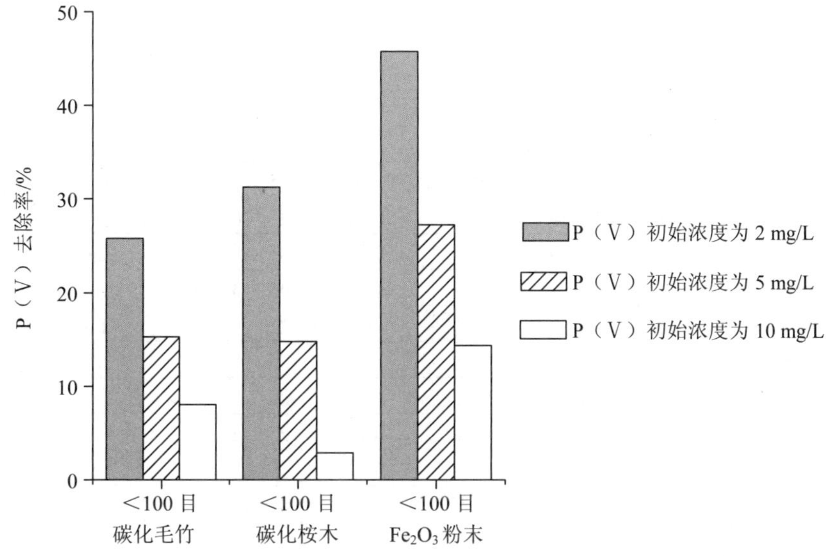

图 4.18　对比吸附剂种类对 PBGC-Fe/C 吸附 P（Ⅴ）的影响

将本研究制备的 PBGC-Fe/C 与前人报道的其他种类氧化铁吸附剂进行去除水体中 P（Ⅴ）效果对比，具体如表 4.9 所示。

由表 4.9 可知，在溶液初始 pH 为 7，P（Ⅴ）溶液初始浓度为 0.31～46.46 mg/L 条件下，自然磁铁矿（比表面积 0.13 m^2/g，粒径小于 0.25 mm）及合成的磁铁矿物质（比表面积 1.74 m^2/g，粒径小于 0.25 mm）分别可以获得 0.42 mg/g 和 1.06 mg/g 的 P（Ⅴ）吸附量[158]。Colombo 等学者研究认为，赤铁矿对 P（Ⅴ）的吸附能力会因比表面积和粒径的不同而大为不同，在 16～23 m^2/g 的比表面积范围内、粒径由 70～130 nm 变化到 45～220 nm，赤铁矿对 P（Ⅴ）的吸附能力相应变化较大，最低为 0.66 mg/g，最大可达到 1.13 mg/g[159]。Torrent 等学者将自然赤铁矿按照比表面积和粒径的不同（比表面积：10～36 m^2/g，粒径：8～91 nm）开展了 14

组实验研究，在 pH 为 5.6，初始 P（V）溶液浓度为 6 mg/L 条件下，吸附量在 0.35～3.02 mg/g 范围内变化。可以发现，本研究制备的 PBGC-Fe/C 是一种良好的水体除磷吸附剂，其吸附能力与其他前人研究报道的材料[160-165]相当。

表 4.9 PBGC-Fe/C 与其他种类吸附剂去除水中 P（V）的效果对比

吸附剂	pH	溶液初始浓度/（mg/L）	比表面积/（m^2/g）	粒径/mm	吸附温度/℃	方法	吸附量/（mg/g）	文献来源
PBGC-Fe/C-B	3	2	59.2	>3	25	—	0.18	本研究
PBGC-Fe/C-B	3	5	59.2	>3	25	—	0.36	本研究
PBGC-Fe/C-B	3	10	59.2	>3	25	—	0.66	本研究
PBGC-Fe/C-B	3	2～50	—	<0.149	25	Langmuir	2.46	本研究
PBGC-Fe/C-B	3	2～50	—	<0.149	35	Langmuir	2.64	本研究
PBGC-Fe/C-B	3	2～50	—	<0.149	45	Langmuir	2.77	本研究
PBGC-Fe/C-E	3	2	59.2	>3	25	—	0.18	本研究
PBGC-Fe/C-E	3	5	59.2	>3	25	—	0.34	本研究
PBGC-Fe/C-E	3	10	59.2	>3	25	—	0.69	本研究
PBGC-Fe/C-E	3	2～50	—	<0.149	25	Langmuir	1.53	本研究
PBGC-Fe/C-E	3	2～50	—	<0.149	35	Langmuir	1.63	本研究
PBGC-Fe/C-E	3	2～50	—	<0.149	45	Langmuir	1.81	本研究
α-Fe_2O_3	3	2	—	<0.25	25	—	0.09	本研究
α-Fe_2O_3	3	5	—	<0.25	25	—	0.14	本研究
α-Fe_2O_3	3	10	—	<0.25	25	—	0.33	本研究
磁铁矿（自然）	7	0.31～46.46	0.13	<0.25	室温	Freundlich	0.42	[158]
磁铁矿（合成）	7	0.31～46.46	1.74	<0.25	室温	Langmuir	1.06	[158]
赤铁矿（B1）	6	1	16	70～130 nm	25	Freundlich	1.02	[159]
赤铁矿（B2）	6	1	17	70～135 nm	25	Freundlich	1.11	[159]
赤铁矿（B3）	6	1	17	70～135 nm	25	Freundlich	0.92	[159]
赤铁矿（B4）	6	1	23	60～200 nm	25	Freundlich	1.13	[159]
赤铁矿（B5）	6	1	20	45～220 nm	25	Freundlich	0.657	[159]
赤铁矿	5.6	6	10～36	8～91 nm	室温	Freundlich	0.35～3.02	[165]
赤铁矿	3.8	13.74	47.01	—	25	—	3.72	[163,164]
赤铁矿 1	7	20～161	14	—	室温	Langmuir	1.02	[160]
赤铁矿 4	7	20～161	64	—	室温	Langmuir	4.18	[160]
赤铁矿	3.39	3～20	9.12	—	室温	Freundlich	0.57	[162]
针铁矿+磁铁矿	4	123.9	135.2	—	25	Freundlich	0.89	[161]

4.3.6　正交实验结果分析

为了更好地考核各个吸附因素对吸附剂性能影响的大小，以期获得优化工艺组合，以吸附温度（*A*）、溶液初始浓度（*B*）、溶液初始 pH（*C*）、吸附剂粒径（*D*）、吸附剂投加量（*E*）和吸附时间（*F*）为影响因素，以吸附去除率为考核指标，对两种 PBGC-Fe/C 材料对 P（Ⅴ）的吸附进行 L_{18}（3^7）正交实验设计，对实验结果进行极差分析和方差分析（表 4.10 至表 4.12）。

表 4.10　PBGC-Fe/C-B 吸附 P（Ⅴ）的正交实验结果极差分析

实验批次	*A*/℃	*B*/（mg/L）	*C*（量纲一）	*D*/目	*E*/g	*F*/h	*G*（空列）	去除率/%
1	25	2	2	＜100	0.4	5	1	79.26
2	25	5	3	80～100	0.5	7	2	82.43
3	25	10	4	60～80	0.6	9	3	72.04
4	35	2	2	80～100	0.5	9	3	79.58
5	35	5	3	60～80	0.6	5	1	74.61
6	35	10	4	＜100	0.4	7	2	68.47
7	45	2	3	＜100	0.6	7	3	98.52
8	45	5	4	80～100	0.4	9	1	83.2
9	45	10	2	60～80	0.5	5	2	74.19
10	25	2	4	60～80	0.5	7	1	80.42
11	25	5	2	＜100	0.6	9	2	81.75
12	25	10	3	80～100	0.4	5	3	78.15
13	35	2	3	60～80	0.4	9	2	90.64
14	35	5	4	＜100	0.5	5	3	81.09
15	35	10	2	80～100	0.6	7	1	82.4
16	45	2	4	80～100	0.6	5	2	76.79
17	45	5	2	60～80	0.4	7	3	78.3
18	45	10	3	＜100	0.5	9	1	83.56
K_1	474.05	505.21	475.48	492.65	478.02	464.09	483.45	
K_2	476.79	481.38	507.91	482.55	481.27	490.54	474.27	
K_3	494.56	458.81	462.01	470.2	486.11	490.77	487.68	
$\overline{K_1}$	79.008	84.202	79.247	82.108	79.67	77.348	80.575	
$\overline{K_2}$	79.465	80.23	84.652	80.425	80.212	81.757	79.045	
$\overline{K_3}$	82.427	76.468	77.002	78.367	81.018	81.795	81.28	
R	3.418	7.733	7.65	3.742	1.348	4.447	2.235	

表 4.11　PBGC-Fe/C-E 吸附 P（Ⅴ）的正交实验结果极差分析

实验批次	*A*/℃	*B*/（mg/L）	*C*（量纲一）	*D*/目	*E*/g	*F*/h	*G*（空列）	去除率/%
1	25	2	2	＜100	0.4	6	1	75.91
2	25	5	3	80～100	0.5	7	2	65.41
3	25	10	4	未研磨	0.6	8	3	51.22
4	35	2	2	80～100	0.5	8	3	70.27
5	35	5	3	未研磨	0.6	6	1	88.25
6	35	10	4	＜100	0.4	7	2	42.88
7	45	2	3	＜100	0.6	7	3	95.74
8	45	5	4	80～100	0.4	8	1	38.83
9	45	10	2	未研磨	0.5	6	2	47.98
10	25	2	4	未研磨	0.5	7	1	83.08
11	25	5	2	＜100	0.6	8	2	80.28
12	25	10	3	80～100	0.4	6	3	31.24
13	35	2	3	未研磨	0.4	8	2	82.38
14	35	5	4	＜100	0.5	6	3	70.97
15	35	10	2	80～100	0.6	7	1	64.95
16	45	2	4	80～100	0.6	6	2	68.04
17	45	5	2	未研磨	0.4	7	3	88
18	45	10	3	＜100	0.5	8	1	82.87
K_1	387.14	475.42	427.39	448.65	359.24	382.39	433.89	
K_2	419.7	431.74	445.89	338.74	420.58	440.06	386.97	
K_3	421.46	321.14	355.02	440.91	448.48	405.85	407.44	
K_1	64.523	79.237	71.232	74.775	59.873	63.732	72.315	
$\overline{K_2}$	69.95	71.957	74.315	56.457	70.097	73.343	64.495	
$\overline{K_3}$	70.243	53.523	59.17	73.485	74.747	67.642	67.907	
R	5.72	25.714	15.145	18.318	14.874	9.611	7.82	

由表 4.10 和表 4.11 可知，按极差 *R* 大小分析排列出各因素影响的主次顺序，依次为：溶液初始 pH＞溶液初始浓度＞吸附时间＞吸附剂粒径＞吸附温度＞吸附

剂投加量（PBGC-Fe/C-B）和溶液初始浓度＞吸附剂粒径＞溶液初始 pH＞吸附剂投加量＞吸附时间＞吸附温度（PBGC-Fe/C-E）。可见溶液初始 pH 和溶液初始浓度对 PBGC-Fe/C 吸附中低浓度 P（Ⅴ）溶液的影响最为显著，而吸附剂粒径也是不可忽略的重要影响因素之一，其余因素在实验设定条件范围内对吸附效果的影响不大。结合 K_1、K_2、K_3 获得工艺优化组合为：$C_2\,D_1\,E_3\,B_2\,F_2\,A_2$，即当 P（Ⅴ）溶液初始浓度为 2 mg/L、溶液初始 pH 为 3、吸附温度为 45℃、吸附剂粒径小于 100 目、吸附剂投加量为 0.6 g/50 mL、吸附时间为 9 h 时 PBGC-Fe/C-B 对水中 P（Ⅴ）的去除效果最优；$B_1\,D_1\,C_2\,E_3\,F_2\,A_3$，即选用吸附剂投加量为 0.6 g/50 mL、粒径小于 100 目的 PBGC-Fe/C-E 对初始 pH 为 3、初始浓度为 2 mg/L 的 P（Ⅴ）溶液，在 45℃条件下振荡 7 h 的去除率为最佳。

由表 4.12 可知，选择α=0.05 为判别显著性标准对正交实验结果进行分析，结果表明，以 P（Ⅴ）去除率为影响指标，选择的影响因素对 PBGC-Fe/C 吸附 P（Ⅴ）的影响均未达到显著水平。相对而言，PBGC-Fe/C-B 的吸附过程中，溶液初始 pH 计算获得的偏差平方和最大，PBGC-Fe/C-E 的吸附过程中，溶液初始浓度计算获得的偏差平方和最大，结果与极差分析一致。

表 4.12 各因素对 P（Ⅴ）去除率影响的方差分析

材料种类	因素	偏差平方和	自由度	F 比	显著性
PBGC-Fe/C-B	吸附温度	41.33	2	0.528	
	溶液初始浓度	179.457	2	2.292	
	溶液初始 pH	185.553	2	2.37	
	吸附剂粒径	42.141	2	0.538	
	吸附剂投加量	5.524	2	0.071	
	吸附时间	78.415	2	1.001	
	误差	548.09	14	—	
PBGC-Fe/C-E	吸附温度	124.506	2	0.161	
	溶液初始浓度	217.932	2	2.725	
	溶液初始 pH	768.724	2	0.994	
	吸附剂粒径	1 254.379	2	1.622	
	吸附剂投加量	694.71	2	0.898	
	吸附时间	280.362	2	0.362	
	误差	5 415.06	14	—	

注：本研究选取α=0.05 为判断差别是否显著的标准。

4.4 本章小结

（1）所制备的 PBGC-Fe/C 对水中 Cr（Ⅵ）表现出良好的吸附能力。10～50 mg/L 的浓度范围内，随着 Cr（Ⅵ）初始浓度的增加，PBGC-Fe/C 对 Cr（Ⅵ）的吸附量不断增大，而去除率呈下降趋势；随着温度的升高，PBGC-Fe/C 对 Cr（Ⅵ）的吸附量逐渐增大，去除率也呈上升趋势。随着时间的增加，对于 2 mg/L 和 10 mg/L 的含 Cr（Ⅵ）溶液，PBGC-Fe/C-B 可在 20 min 之内迅速达到平衡状态。在 pH 在 1～7 范围内，随着 pH 的升高，PBGC-Fe/C 对 Cr（Ⅵ）的去除率和吸附量均呈现下降趋势，表明溶液初始 pH 偏低利于 Cr（Ⅵ）的吸附；Cr（Ⅵ）去除率随吸附剂投加量的增加而上升，实验获得的适宜吸附剂投加量为 0.5 g/50 mL；吸附剂粒径越小 Cr（Ⅵ）去除率越高，小于 100 目为适宜吸附剂粒径，然而块状未研磨的 PBGC-Fe/C 也可获得良好的吸附净化效果。

正交结果表明在实验设定的条件范围内，PBGC-Fe/C-B 吸附净化水中 Cr（Ⅵ）的工艺优化组合为 $C_1 E_3 A_3 B_2 D_1 F_3$，即吸附剂投加量为 0.5 g/50 mL、吸附剂粒径小于 100 目，对初始 pH 为 1、初始浓度为 10 mg/L 的 Cr（Ⅵ）溶液，在 45℃条件下振荡 5 h 的去除率为最佳。而 PBGC-Fe/C-E 吸附净化水中 Cr（Ⅵ）的工艺优化组合为 $C_1 D_1 B_1 F_2 A_2 E_2$，即吸附剂投加量为 0.4 g/50 mL、吸附剂粒径小于 100 目，对初始 pH 为 1、初始浓度为 10 mg/L 的 Cr（Ⅵ）溶液，在 35℃条件下振荡 7 h 的去除率为最佳。

（2）所制备的 PBGC-Fe/C 对水中 As（Ⅴ）表现出良好的吸附能力。PBGC-Fe/C-B 对 2 mg/L 和 10 mg/L 浓度的 As（Ⅴ）去除率保持在 95%以上，且吸附速度较大，对高浓度 100 mg/L 的 As（Ⅴ）吸附量为 5.33 mg/g。实验结果表明，pH 在 2～7 范围内 PBGC-Fe/C-B 对 As（Ⅴ）吸附效果较好，适宜的 pH 为 3；适当增加吸附剂投加量有利于 As（Ⅴ）的去除，适宜吸附剂投加量为 0.5 g/50 mL；吸附剂粒径越小，As（Ⅴ）去除率越高，小于 100 目为适宜吸附剂粒径。该复合材料兼具氧化铁粉和植物炭粉吸附 As（Ⅴ）的优点，显著提高了二者对 As（Ⅴ）的吸附能力，块状未研磨的 PBGC-Fe/C 可获得良好的吸附净化效果。

正交实验结果表明在设定的条件范围内，PBGC-Fe/C-B 吸附净化水中 As（Ⅴ）的工艺优化组合为 $C_2\ D_1\ E_3\ B_2\ F_2\ A_2$，即选用吸附剂投加量为 0.6 g/50 mL、粒径小于 100 目复合材料，对初始 pH 为 3、初始浓度为 10 mg/L 的 As（Ⅴ）溶液，在 35℃条件下振荡 7 h 的去除率为最佳。PBGC-Fe/C-E 吸附净化水中 As（Ⅴ）的工艺优化组合为 $C_2\ E_3\ D_2\ B_1\ F_3\ A_2$，即选用吸附剂投加量为 0.6 g/50 mL、粒径小于 100 目的复合材料，对初始 pH 为 3、初始浓度为 10 mg/L 的 As（Ⅴ）溶液，在 35℃条件下振荡 8 h 的去除率为最佳。

（3）所制备的 PBGC-Fe/C 对 P（Ⅴ）具有良好的吸附能力，且可在较宽的 pH 范围内（pH 为 3～10）表现出良好且快速的 P（Ⅴ）吸附能力，30 min 即可达到良好的吸附净化效果。实验结果表明，随着 P（Ⅴ）初始浓度的增加，PBGC-Fe/C 对 P（Ⅴ）的吸附量增大，去除率呈下降趋势；随着温度的升高，PBGC-Fe/C 对 P（Ⅴ）的吸附量逐渐增大，去除率呈上升趋势。溶液初始 pH 偏低对 P（Ⅴ）的去除效果有利，适宜溶液初始 pH 取值 3；P（Ⅴ）的去除率随吸附剂投加量的增加而上升，适宜吸附剂投加量为 0.5 g/50 mL；吸附剂粒径越小，P（Ⅴ）的去除率越高，小于 100 目为适宜吸附剂粒径，表明 PBGC-Fe/C 兼具氧化铁粉和植物炭粉吸附 P（Ⅴ）的优点，显著提高了二者对 P（Ⅴ）的吸附能力，且块状未研磨的 PBGC-Fe/C 也可获得良好的吸附净化效果。

正交实验结果表明在设定的条件范围内，溶液初始 pH、溶液初始浓度对 PBGC-Fe/C 吸附 5 mg/L 的 P（Ⅴ）溶液影响最为显著。PBGC-Fe/C-B 吸附净化水中 P（Ⅴ）的工艺优化组合为 $C_2\ D_1\ E_3\ B_2\ F_2\ A_2$，即选用吸附剂投加量为 0.6 g/50 mL、粒径小于 100 目的复合材料，对初始 pH 为 3、初始浓度为 2 mg/L 的 P（Ⅴ）溶液，在 45℃条件下振荡 9 h 的去除率为最佳。PBGC-Fe/C-E 吸附净化水中 P（Ⅴ）的工艺优化组合为 $B_1\ D_1\ C_2\ E_3\ F_2\ A_3$，即选用吸附剂投加量为 0.6 g/50 mL、粒径小于 100 目的复合材料，对初始 pH 为 3、初始浓度为 2 mg/L 的 P（Ⅴ）溶液，在 45℃条件下振荡 7 h 的去除率为最佳。

第5章　PBGC-Fe/C 对水中铬、砷、磷吸附的机理分析

5.1　吸附等温线及热力学特性研究

5.1.1　自定义函数对吸附等温曲线的拟合

（1）PBGC-Fe/C 对 Cr（Ⅵ）和 As（Ⅴ）的吸附等温曲线分析

在系列 100 mL 的塑料离心管中分别加入：50 mL Cr（Ⅵ）溶液（pH 为 1，初始浓度分别为 10 mg/L、20 mg/L、30 mg/L、40 mg/L、50 mg/L、75 mg/L、100 mg/L、125 mg/L、150 mg/L、200 mg/L、250 mg/L、300 mg/L、350 mg/L 和 400 mg/L）；50 mL As（Ⅴ）溶液（pH 为 3，初始浓度分别为 5 mg/L、10 mg/L、15 mg/L、20 mg/L、30 mg/L、40 mg/L、50 mg/L、75 mg/L 和 100 mg/L）。并加入 0.5 g 粒径小于 100 目的 PBGC-Fe/C 作为吸附剂，充分混合后加盖密封，分别置于温度为 25℃、35℃和 45℃的恒温水浴振荡器中进行振荡吸附，以测定不同温度、不同浓度下的 Q_e-C_e 吸附等温线，并使用自定义函数对其进行曲线模拟分析（图 5.1）。

由图 5.1 可知，不同的温度下（25℃、35℃和 45℃），PBGC-Fe/C 对 Cr（Ⅵ）及 As（Ⅴ）的平衡吸附量 Q_e 总是随着平衡浓度 C_e 的升高而增大。当 C_e 小于 20 mg/L 时，Q_e 随着溶液中 Cr（Ⅵ）浓度的增加而快速上升，C_e 超过 20 mg/L 后，Q_e 增加速度放缓。25℃、35℃和 45℃时的最大吸附量分别为 30.61 mg/g、30.94 mg/g 和 32.88 mg/g（PBGC-Fe/C-B）以及 4.01 mg/g、4.83 mg/g 和 4.19 mg/g（PBGC-Fe/C-E）。同时可以看出温度对 Cr（Ⅵ）的吸附量存在一定的影响，45℃条件下的吸附效果优于 25℃和 35℃，说明 PBGC-Fe/C 对 Cr（Ⅵ）的吸附过程为

吸热过程，适当地提高反应温度对吸附有利；但当 C_e 较低时，温度对吸附效果的影响不大，常温下即可进行吸附并达到理想的吸附效果。对 As（V）的吸附而言，35℃条件下的吸附效果优于 25℃和 45℃，25℃、35℃和 45℃时的最大吸附量分别为 4.55 mg/g、5.33 mg/g 和 4.89 mg/g（PBGC-Fe/C-B），以及 4.01 mg/g、4.83 mg/g 和 4.19 mg/g（PBGC-Fe/C-E）；当平衡浓度低于 15 mg/L 时，吸附量上升较为迅速，随后增量逐渐变缓。容易看出，对不同的重金属或类金属离子，PBGC-Fe/C 吸附剂由于植物模板的不同，其吸附量有较大不同。使用 Logarithm 自定义函数对其进行曲线模拟分析，R^2 基本在 0.95 以上（图 5.1），具体模拟式如式（5.1）～式（5.12）所示。

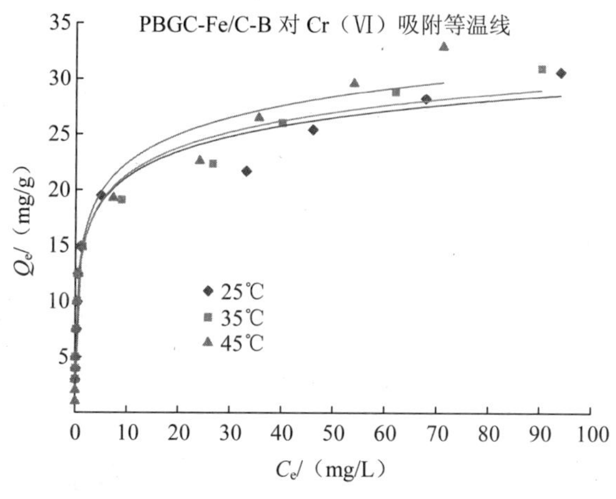

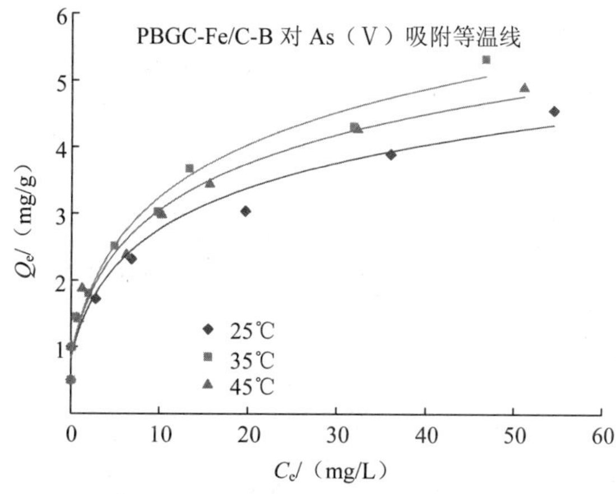

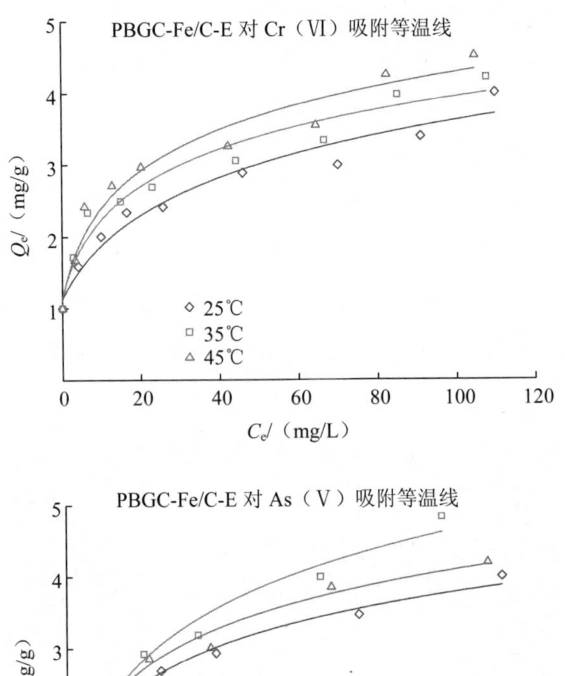

图 5.1 PBGC-Fe/C 对 Cr（VI）和 As（V）吸附等温线的自定义函数拟合

PBGC-Fe/C-B 对 Cr（VI）的吸附：

25℃ $$Q_e = 13.578\,62 + 3.295\,92 \times \ln（C_e - 0.027\,06）\tag{5.1}$$

35℃ $$Q_e = 13.409\,04 + 3.460\,69 \times \ln（C_e + 0.003\,38）\tag{5.2}$$

45℃ $$Q_e = 13.862\,6 + 3.710\,49 \times \ln（C_e + 0.019\,37）\tag{5.3}$$

PBGC-Fe/C-E 对 Cr（VI）的吸附：

25℃ $$Q_e = \ln（3.072 + 0.342\,94 \times C_e）\tag{5.4}$$

35℃ $$Q_e = 0.850\,85 \times \ln（C_e + 0.850\,85）\tag{5.5}$$

45℃ $Q_e = 0.925\,59 \times \ln(C_e + 0.258\,52)$ （5.6）

PBGC-Fe/C-B 对 As（Ⅴ）的吸附：

25℃ $Q_e = \ln(2.298\,62 + 1.360\,96 \times C_e)$ （5.7）

35℃ $Q_e = 0.082\,8 + 1.283\,6 \times \ln(C_e + 1.796\,53)$ （5.8）

45℃ $Q_e = 0.264\,18 + 1.134\,98 \times \ln(C_e + 1.681\,91)$ （5.9）

PBGC-Fe/C-E 对 As（Ⅴ）的吸附：

25℃ $Q_e = 0.405\,6 + 0.843\,65 \times \ln(C_e + 1.506\,89)$ （5.10）

35℃ $Q_e = -0.324\,09 + 1.238\,9 \times \ln(C_e + 2.286\,75)$ （5.11）

45℃ $Q_e = 0.482\,24 + 0.903\,07 \times \ln(C_e + 1.247\,05)$ （5.12）

（2）PBGC-Fe/C 对 P（Ⅴ）的吸附等温曲线分析

在一系列 100 mL 的塑料离心管中分别加入 50 mL 初始浓度为 2 mg/L、5 mg/L、10 mg/L、15 mg/L、20 mg/L、25 mg/L、30 mg/L、40 mg/L 和 50 mg/L 的 P（Ⅴ）溶液，溶液初始 pH 调至 3，并加入 0.5 g 粒径小于 100 目的 PBGC-Fe/C，充分混合后加盖密封，分别置于温度为 25℃、35℃和 45℃的恒温水浴振荡器中进行振荡吸附，以测定不同温度、不同溶液初始浓度下的 Q_e-C_e 吸附等温曲线，并使用自定义函数对其进行曲线模拟分析（图 5.2）。

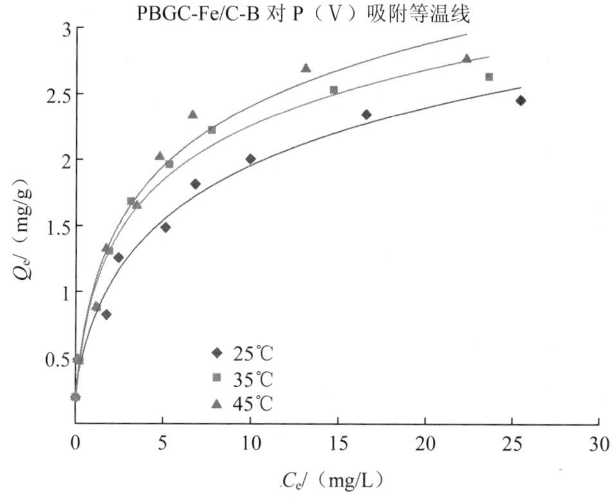

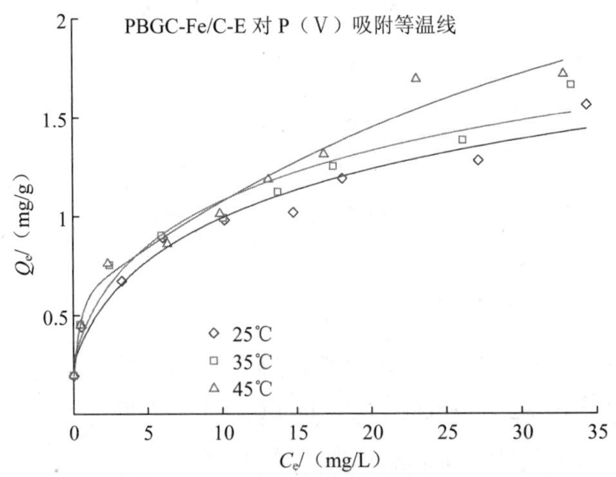

图 5.2 PBGC-Fe/C 对 P（V）吸附等温线的自定义函数拟合

由图 5.2 可以看出，不同的温度下（25℃、35℃和 45℃），PBGC-Fe/C 对 P（V）的平衡吸附量 Q_e 总是随着平衡浓度 C_e 的升高而增大。当 C_e 小于 15 mg/L 时，Q_e 随着溶液中 P（V）浓度的增加而快速上升。C_e 超过 15 mg/L 后，Q_e 增加速度放缓；当 C_e 接近 20 mg/L 时，不同温度下 PBGC-Fe/C 对 P（V）的吸附量 Q_e 均在 2 mg/g 以上。温度对 P（V）的吸附量存在一定影响，升高吸附温度利于 PBGC-Fe/C 对 P（V）的吸附，45℃条件下的吸附效果优于 25℃和 35℃，说明 PBGC-Fe/C 对 P（V）的吸附过程为吸热过程。使用自定义函数对其进行曲线模拟分析，R^2 基本为 0.96 以上（图 5.2），具体模拟式如式（5.13）～式（5.18）。

PBGC-Fe/C-B 对 P（V）的吸附：

25℃ $$Q_e = 0.349\,21 + 0.674\,33 \times \ln（C_e - 0.889\,27） \tag{5.13}$$

35℃ $$Q_e = 0.798\,74 + 0.626\,14 \times \ln（C_e + 0.351\,62） \tag{5.14}$$

45℃ $$Q_e = 0.763\,42 + 0.701\,65 \times \ln（C_e + 0.448\,63） \tag{5.15}$$

PBGC-Fe/C-E 对 P（V）的吸附：

25℃ $$Q_e = 0.401\,09 \times \ln（C_e + 1.891\,38） \tag{5.16}$$

35℃ $$Q_e = 0.099\,3 + 0.401\,01 \times \ln（C_e + 1.528\,93） \tag{5.17}$$

45℃ $$Q_e = -0.387\,53 \times \exp（-C_e/32.352\,12） - 0.387\,53 \times \exp（-C_e/0.479\,01） + 2.475\,32 \tag{5.18}$$

5.1.2　Langmuir 吸附等温模型

（1）PBGC-Fe/C 对 Cr（Ⅵ）和 As（Ⅴ）吸附的 Langmuir 吸附等温模型拟合

Langmuir 吸附等温方程对图 5.1 的数据进行拟合，结果如图 5.3 所示，Langmuir 吸附方程参数如表 5.1 所示。

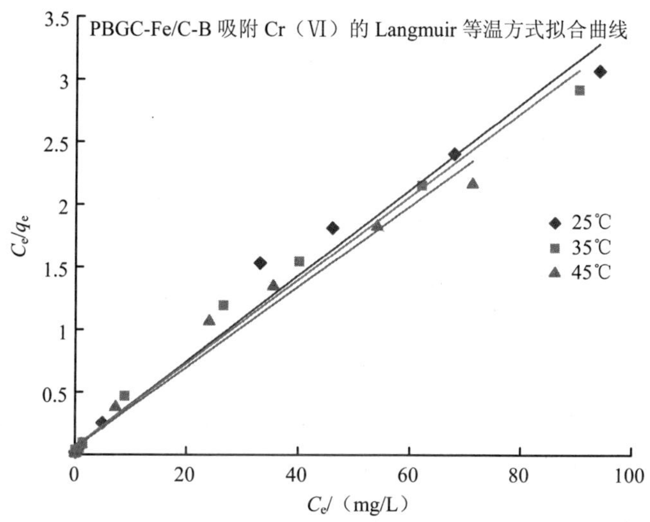

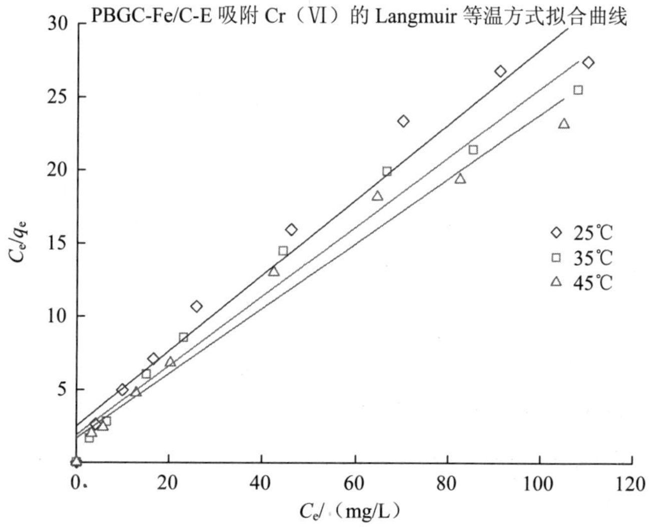

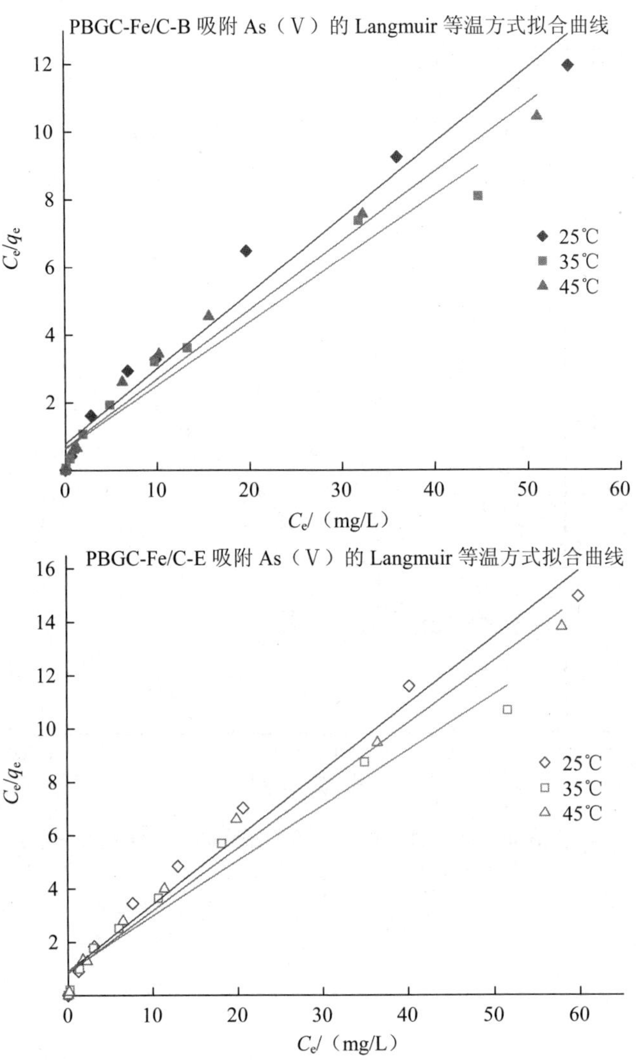

图 5.3 PBGC-Fe/C 吸附 Cr（Ⅵ）和 As（Ⅴ）的 Langmuir 等温方程拟合曲线

经拟合计算，25℃、35℃和 45℃条件下对水中 Cr（Ⅵ）的最大吸附容量 q_m 分别为 29.14 mg/g、29.97 mg/g 和 31.05 mg/g（PBGC-Fe/C-B）及 3.87 mg/g、4.21 mg/g 和 4.52 mg/g（PBGC-Fe/C-E），Langmuir 模型拟合的相关系数 R^2 分别为 0.985 2、0.988 2 和 0.981 4（PBGC-Fe/C-B）及 0.958 9、0.968 和 0.970 2（PBGC-Fe/C-E）；25℃、35℃和 45℃条件下对水中 As（Ⅴ）的最大吸附容量 q_m

分别为 4.5 mg/g、5.34 mg/g 和 4.9 mg/g（PBGC-Fe/C-B）及 3.99 mg/g、4.83 mg/g 和 4.27 mg/g（PBGC-Fe/C-E），Langmuir 模型拟合的 R^2 分别为 0.962 8、0.949 5 和 0.968 9（PBGC-Fe/C-B）及 0.958 9、0.968 和 0.970 2（PBGC-Fe/C-E）。吸附平衡常数 R_L 值的大小可以表征反应进行的容易程度：当 $R_L>1$ 时，表示吸附不易进行；当 $R_L=1$ 时，表示吸附可进行；当 $0<R_L<1$ 时，表示吸附容易进行；而当 $R_L<0$ 时，表示吸附不可进行[113]。由表 5.1 可知，本实验的 R_L 均在 0～1，可见 PBGC-Fe/C 对 Cr（Ⅵ）和 As（Ⅴ）的吸附过程是容易进行的，可用 Langmuir 吸附模型进行较好描述。根据 Langmuir 理论可将 PBGC-Fe/C 假设为拥有单分子层、表面吸附活性位均匀分布的固体吸附剂，表面由大量的吸附活性中心点构成，吸附只发生在活性中心点，每个活性中心点只吸附一个物质分子，吸附达到饱和时即中心点全被占满。对 PBGC-Fe/C 而言，活性中心点为铁，当 Cr（Ⅵ）或 As（Ⅴ）占满活性中心点后，便不再产生吸附效果，吸附达到饱和状态；另外，从两种元素的吸附效果对比来看，PBGC-Fe/C 更适宜用于 Cr（Ⅵ）的吸附去除。

表 5.1 PBGC-Fe/C 吸附 Cr（Ⅵ）和 As（Ⅴ）的 Langmuir 等温方程拟合参数

元素	材料种类	温度/℃	q_m/（mg/g）	K_L/（L/mg）	R_L	R^2
Cr（Ⅵ）	PBGC-Fe/C-B	25	29.14	0.573 6	0.004 3～0.148 5	0.985 2
		35	29.97	0.529 3	0.004 7～0.158 9	0.988 2
		45	31.05	0.582 3	0.004 3～0.146 6	0.981 4
	PBGC-Fe/C-E	25	3.87	0.103 5	0.023 6～0.491 4	0.958 9
		35	4.21	0.125 5	0.019 5～0.443 5	0.968
		45	4.5	0.133 1	0.018 4～0.429	0.970 2
As（Ⅴ）	PBGC-Fe/C-B	25	4.5	0.285 6	0.033 8～0.411 9	0.962 8
		35	5.34	0.295 7	0.032 7～0.403 5	0.949 5
		45	4.9	0.310 3	0.031 2～0.391 9	0.968 9
	PBGC-Fe/C-E	25	3.99	0.278 5	0.034 7～0.418	0.958 9
		35	4.83	0.228 1	0.042 0～0.467 2	0.968
		45	4.27	0.281 2	0.034 3～0.415 6	0.970 2

（2）PBGC-Fe/C 对 P（Ⅴ）吸附的 Langmuir 吸附等温模型拟合

用 Langmuir 吸附等温方程对图 5.2 的数据进行拟合，结果如图 5.4 所示，Langmuir 吸附方程参数如表 5.2 所示。

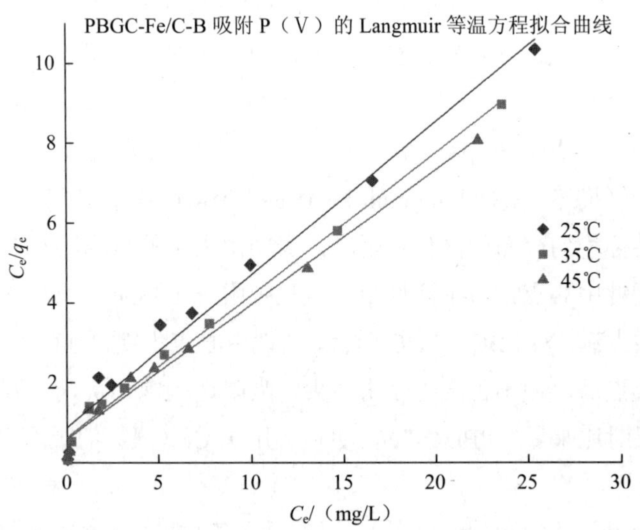

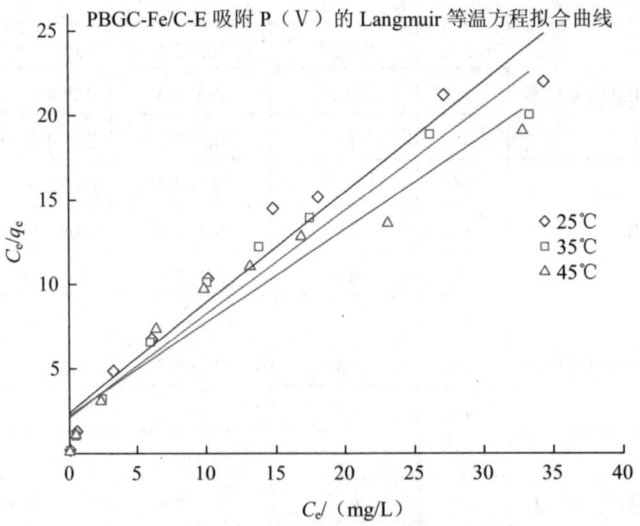

图 5.4　PBGC-Fe/C 吸附 P（Ⅴ）的 Langmuir 等温方程拟合曲线

表 5.2　PBGC-Fe/C 吸附 P（Ⅴ）的 Langmuir 等温方程拟合参数

元素	材料种类	温度/℃	q_m/（mg/g）	K_L/（L/mg）	R_L	R^2
P（Ⅴ）	PBGC-Fe/C-B	25	2.61	0.437 6	0.043 7～0.533 3	0.973 2
		35	2.8	0.571 3	0.033 8～0.466 7	0.990 1
		45	2.97	0.573 6	0.033 7～0.465 7	0.985 3
	PBGC-Fe/C-E	25	1.53	0.273 5	0.068 1～0.646 4	0.944 4
		35	1.63	0.291 4	0.064 2～0.631 8	0.944 7
		45	1.81	0.248 1	0.074 6～0.668 4	0.924 6

经拟合计算，25℃、35℃和 45℃条件下材料对 P（Ⅴ）的最大吸附容量 q_m 分别为 2.61 mg/g、2.8 mg/g 和 2.97 mg/g（PBGC-Fe/C-B）及 1.53 mg/g、1.63 mg/g 和 1.81 mg/g（PBGC-Fe/C-E），表明该吸附过程为吸热过程。曲线拟合得到的 Langmuir 吸附模型相关系数 R^2 分别为 0.973 2、0.990 1 和 0.985 3（PBGC-Fe/C-B）及 0.944 4、0.944 7 和 0.924 6（PBGC-Fe/C-E），均达到显著水平。可见 Langmuir 吸附模型可以用来描述 PBGC-Fe/C 对 P（Ⅴ）的吸附过程。计算获取的 R_L 均在 0～1，可见 PBGC-Fe/C 对 P（Ⅴ）的吸附过程是容易进行的。

5.1.3　Freundlich 吸附等温模型

（1）PBGC-Fe/C 对 Cr（Ⅵ）和 As（Ⅴ）吸附的 Freundlich 吸附等温模型

以 ln q_e 为纵坐标，lnC_e 为横坐标绘制 Freundlich 吸附等温线对图 5.1 的数据进行拟合，结果如图 5.5 所示，Freundlich 吸附方程参数如表 5.3 所示。

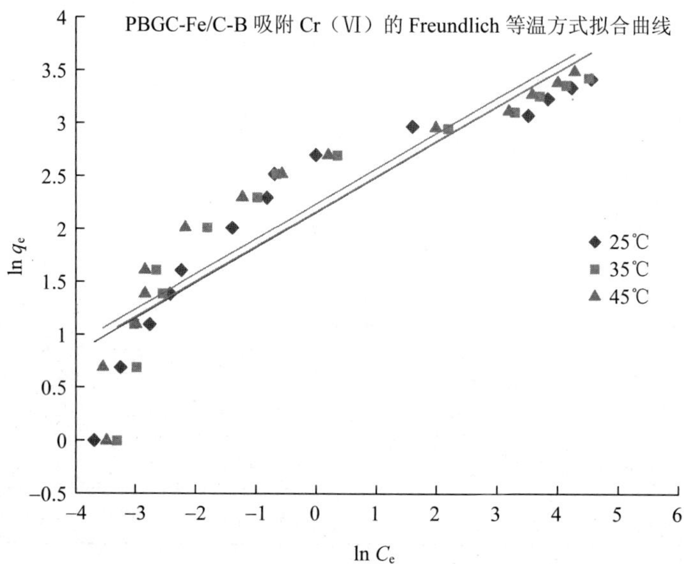
PBGC-Fe/C-B 吸附 Cr（Ⅵ）的 Freundlich 等温方式拟合曲线
ln q_e
ln C_e
25℃
35℃
45℃

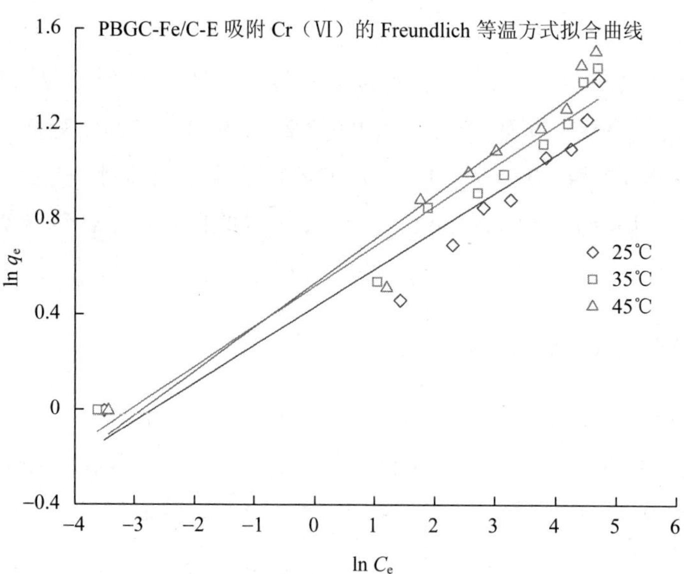
PBGC-Fe/C-E 吸附 Cr（Ⅵ）的 Freundlich 等温方式拟合曲线
ln q_e
ln C_e
25℃
35℃
45℃

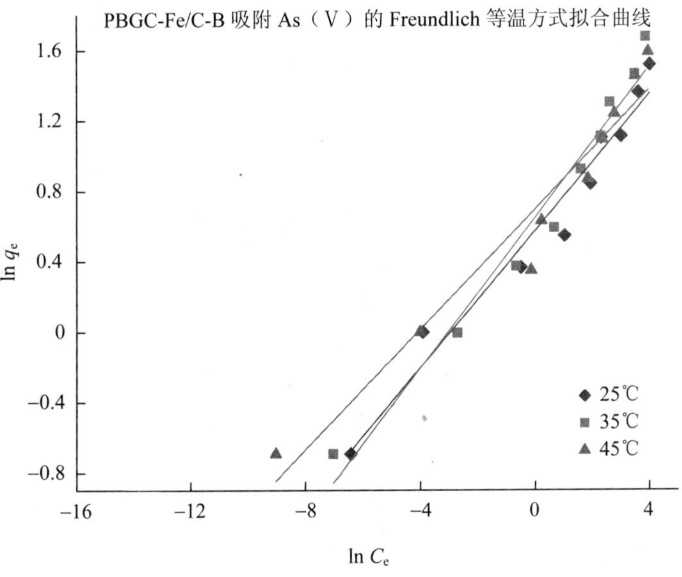

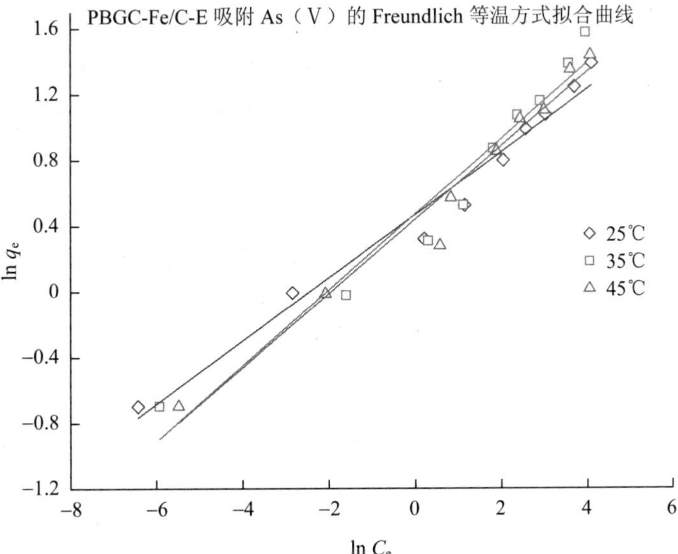

图 5.5　PBGC-Fe/C 吸附 Cr（Ⅵ）和 As（Ⅴ）的 Freundlich 等温方程拟合曲线

表 5.3 PBGC-Fe/C 吸附 Cr（Ⅵ）和 As（Ⅴ）的 Freundlich 等温方程拟合参数

元素	材料种类	温度/℃	K_F	$1/n$	R^2
Cr（Ⅵ）	PBGC-Fe/C-B	25	8.659	0.333 9	0.834 1
		35	8.744	0.332 3	0.817 3
		45	9.403	0.333 4	0.830 5
	PBGC-Fe/C-E	25	1.538	0.160 2	0.905 7
		35	1.679	0.169 3	0.948 9
		45	1.701	0.185 7	0.940 4
As（Ⅴ）	PBGC-Fe/C-B	25	1.777	0.194 9	0.956 0
		35	1.920	0.215 3	0.963 7
		45	2.010	0.171 1	0.937 9
	PBGC-Fe/C-E	25	1.595	0.191 6	0.968 3
		35	1.602	0.230 5	0.946 5
		45	1.550	0.225 2	0.965 7

经拟合计算，25℃、35℃和 45℃条件下，Freundlich 吸附模型拟合 PBGC-Fe/C 吸附 Cr（Ⅵ）的相关系数 R^2 分别为 0.846 8、0.831 4 和 0.843 6（PBGC-Fe/C-B）及 0.917 4、0.955 3 和 0.947 8（PBGC-Fe/C-E），Freundlich 吸附模型常数 $1/n$ 分别为 0.333 9、0.332 3 和 0.333 4（PBGC-Fe/C-B）及 0.160 2、0.169 3 和 0.185 7（PBGC-Fe/C-E）；对 As（Ⅴ）而言，三种温度下 Freundlich 吸附模型的拟合相关系数 R^2 分别 0.961 5、0.968 2 和 0.945 6（PBGC-Fe/C-B）及 0.972 2、0.953 2 和 0.969 9（PBGC-Fe/C-E），吸附常数 $1/n$ 的值分别为 0.194 9、0.215 3 和 0.171 1（PBGC-Fe/C-B）及 0.191 6、0.230 4 和 0.225 2（PBGC-Fe/C-E），模型其他的相关常数见表 5.3。在 Freundlich 吸附模型的拟合研究中，参数 $1/n$ 可以用来表征吸附的非线性增长趋势[113]。拟合研究结果表明，PBGC-Fe/C 对 Cr（Ⅵ）和 As（Ⅴ）的吸附常数 $1/n$ 均在 0.1～0.5，说明在本实验条件下，选定的两种重金属离子容易被 PBGC-Fe/C 吸附，且以化学吸附为主。由 Freundlich 和 Langmuir 方程的相关系数 R^2 值可以推断：选取的两个经典模型都能较好描述 PBGC-Fe/C 吸附 Cr（Ⅵ）和 As（Ⅴ）的过程，但 Freundlich 方程的相关系数 R^2 值略小于 Langmuir 方程，所以 PBGC-Fe/C 对 Cr（Ⅵ）和 As（Ⅴ）的吸附过程更符合 Langmuir 吸附等温模型，说明吸附过程主要发生在材料的表面活性区位，静态等温吸附模式接近于单分子

层吸附。

（2）PBGC-Fe/C 对 P（Ⅴ）吸附的 Freundlich 吸附等温模型

以 ln q_e 为纵坐标，lnC_e 为横坐标绘制 Freundlich 吸附等温线对图 5.1 的数据进行拟合研究，结果如图 5.6 所示，Freundlich 吸附方程参数如表 5.4 所示。

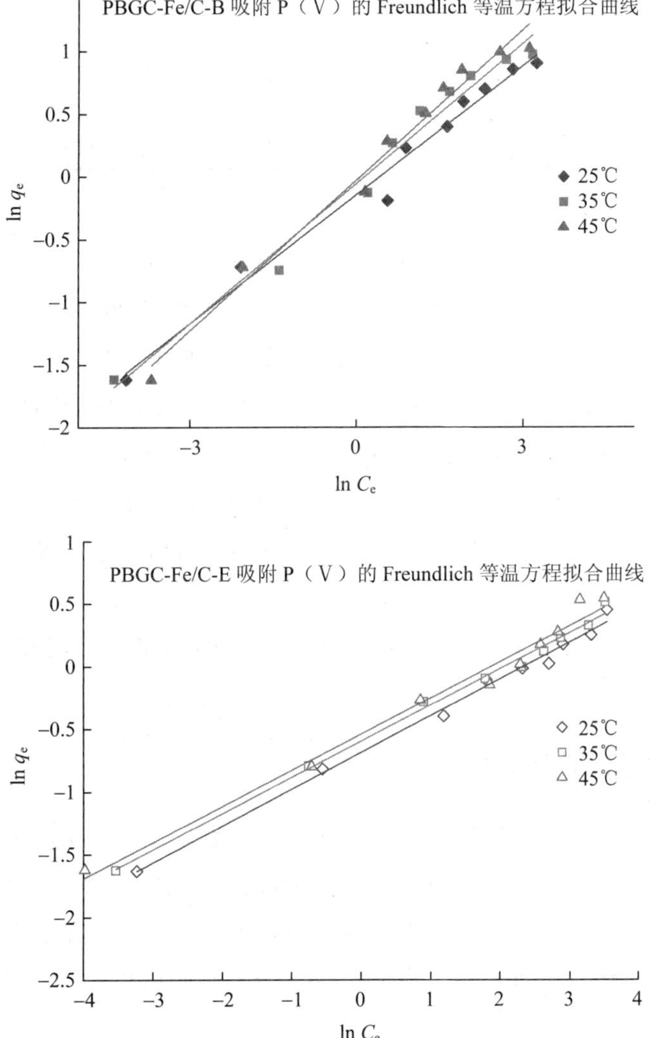

图 5.6　PBGC-Fe/C 吸附 P（Ⅴ）的 Freundlich 等温方程拟合曲线

表 5.4　PBGC-Fe/C 吸附 P（Ⅴ）的 Freundlich 等温方程拟合参数

元素	材料种类	温度/℃	K_F	$1/n$	R^2
P（Ⅴ）	PBGC-Fe/C-B	25	0.865	0.342 6	0.979 6
		35	0.946	0.372 6	0.975 7
		45	0.972	0.399 9	0.977 1
	PBGC-Fe/C-E	25	0.504	0.292 8	0.991 6
		35	0.551	0.288 2	0.993 2
		45	0.583	0.287 8	0.978 6

拟合研究结果表明，25℃、35℃和 45℃条件下 Freundlich 吸附模型拟合 PBGC-Fe/C 吸附 P（Ⅴ）的相关系数 R^2 分别为 0.979 6、0.975 7 和 0.977 1（PBGC-Fe/C-B）及 0.991 6、0.993 2 和 0.978 6（PBGC-Fe/C-E），获得的吸附常数 $1/n$ 分别为 0.399 8、0.372 6 和 0.342 6（PBGC-Fe/C-B）及 0.292 8、0.288 2 和 0.287 8（PBGC-Fe/C-E），均在 0.1～0.5，表明 P（Ⅴ）容易被 PBGC-Fe/C 吸附，吸附过程以化学吸附为主，PBGC-Fe/C 可以作为除 P（Ⅴ）的良好吸附剂。结合表 5.2 和表 5.4 可知，Freundlich 等温方程的相关系数 R^2 大于 Langmuir 吸附等温式的相关系数 R^2 值，因此 PBGC-Fe/C 对 P（Ⅴ）的吸附特征更符合 Freundlich 吸附等温模型，表明 PBGC-Fe/C 吸附 P（Ⅴ）的过程更接近多分子层吸附模式。

5.1.4　吸附热力学分析

根据吸附平衡常数 K_L 随温度的变化，采用式（1.7）对数据进行线性回归分析，获取了相应热力学参数吉布斯自由能 ΔG、焓变 ΔH 及熵变 ΔS[166]。拟合结果如表 5.5 所示，最好的相关系数 R^2 值可达到 0.998 3，说明拟合相关性较好，该方法适用于分析 PBGC-Fe/C 对水中 Cr（Ⅵ）、As（Ⅴ）和 P（Ⅴ）的吸附过程。

表 5.5　PBGC-Fe/C 吸附 Cr（Ⅵ）、As（Ⅴ）和 P（Ⅴ）的热力学参数

元素	材料种类	T/K	ΔG/（kJ/mol）	ΔS/[kJ/（mol·K）]	ΔH/（kJ/mol）
Cr（Ⅵ）	PBGC-Fe/C-B	298.15	−7.133	0.025 9	0.668 9
		308.15	−7.166		
		318.15	−7.651		
	PBGC-Fe/C-E	298.15	−2.888	0.043	9.865 1
		308.15	−3.479		
		318.15	−3.747		
As（Ⅴ）	PBGC-Fe/C-B	298.15	−5.404	0.029 1	3.277 8
		308.15	−5.674		
		318.15	−5.986		
	PBGC-Fe/C-E	298.15	−5.342	0.019 2	0.555 2
		308.15	−5.009		
		318.15	−5.726		
P（Ⅴ）	PBGC-Fe/C-B	298.15	−6.462	0.057 5	10.564
		308.15	−7.362		
		318.15	−7.611		
	PBGC-Fe/C-E	298.15	−5.297	0.004 9	3.940 8
		308.15	−5.637		
		318.15	−5.394		

由表 5.5 可知，在温度为 25℃、35℃和 45℃条件下，PBGC-Fe/C 吸附水环境中 Cr（Ⅵ）、As（Ⅴ）和 P（Ⅴ），计算获得 ΔG 的值均小于零，表明该吸附过程在实验条件下为自发反应过程。随着温度的升高，ΔG 的值有逐渐减小的趋势，可以认为，温度的升高可以促进 PBGC-Fe/C 对 Cr（Ⅵ）、As（Ⅴ）和 P（Ⅴ）吸

附过程的自发性。吸附过程的焓变 ΔH 均为正值，说明本研究的吸附过程都是吸热过程，温度的升高利于 PBGC-Fe/C 吸附水环境中 Cr（Ⅵ）、As（Ⅴ）和 P（Ⅴ）的吸附；ΔH 在 0.555 2～10.564 kJ/mol 范围内变化，有研究认为当 ΔH 处于 20.9～418.4 kJ/mol 时，吸附过程为化学吸附[167]，然而本实验获取的焓变值较小，可能是因为全吸附过程还包括了其他非化学吸附。吸附过程的熵变 ΔS 也均大于零，说明 PBGC-Fe/C 对 Cr（Ⅵ）、As（Ⅴ）和 P（Ⅴ）吸附过程是一个熵递增的过程，意味着在 PBGC-Fe/C 吸附目标组分的体系中，Cr（Ⅵ）、As（Ⅴ）和 P（Ⅴ）从溶解状态到被吸附状态为一个无序的增加过程。

5.2 吸附动力学模型分析

5.2.1 Cr（Ⅵ）

分别用准一级动力学模型、准二级动力学模型、Morris 颗粒内扩散模型及 Elovich 方程式等 4 种吸附动力学模型拟合图 4.1 中吸附时间对吸附影响的实验数据，可更好地分析吸附剂与吸附质之间的动态相互作用，拟合结果如图 5.7 至图 5.10 和表 5.6 所示。

从拟合研究结果可以看出，准二级动力学模型能很好地描述 PBGC-Fe/C 吸附 Cr（Ⅵ）的动力学过程，3 种浓度下，模型的相关系数 R^2 几乎均为 1（PBGC-Fe/C-E 吸附 50 mg/L Cr（Ⅵ）的相关系数 R^2 为 0.996 6），达到显著相关水平。相应求出 PBGC-Fe/C 对 2 mg/L、10 mg/L 和 50 mg/L Cr（Ⅵ）溶液的理论平衡吸附量 q_e 分别是 0.199 mg/g、0.998 1 mg/g 和 4.992 5 mg/g [PBGC-Fe/C-B]及 0.199 9 mg/g、1.003 7 mg/g 和 3.182 7 mg/g [PBGC-Fe/C-E]，非常接近实际测得的 q_e 值。因此，研究认为 PBGC-Fe/C 吸附 Cr（Ⅵ）的动力学过程包含吸附的所有过程，具体包括外部液膜扩散、表面吸附和颗粒内扩散等，然而吸附主要是受到化学反应的控制。

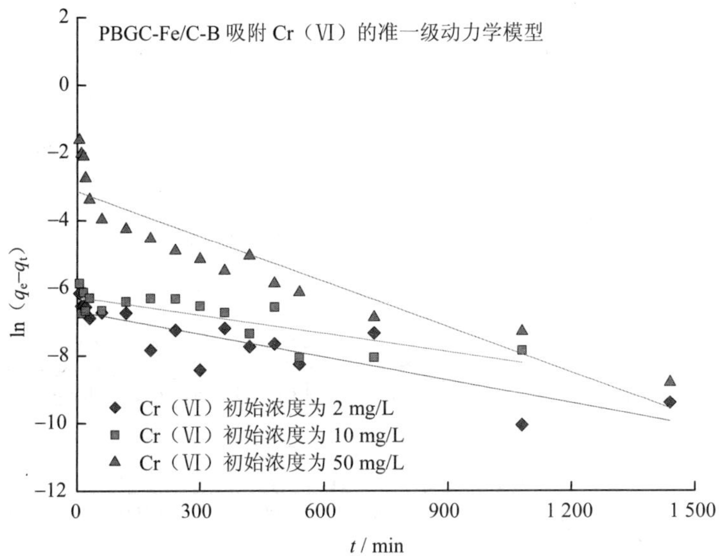

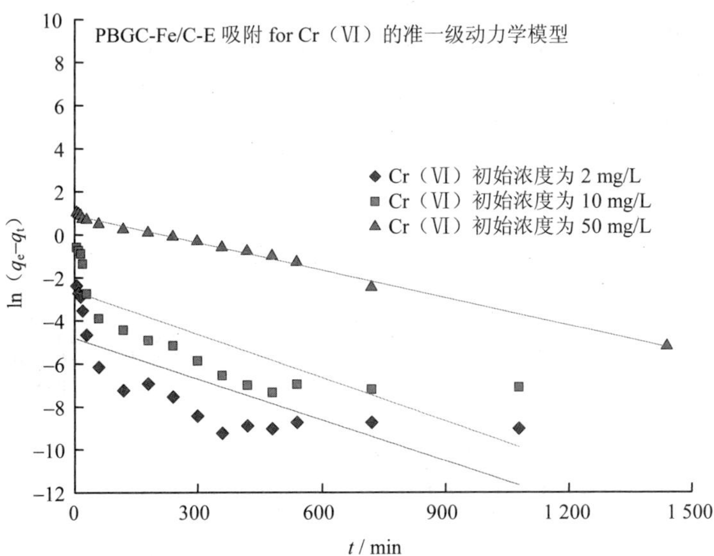

图 5.7　PBGC-Fe/C 吸附 Cr（Ⅵ）的准一级动力学模型

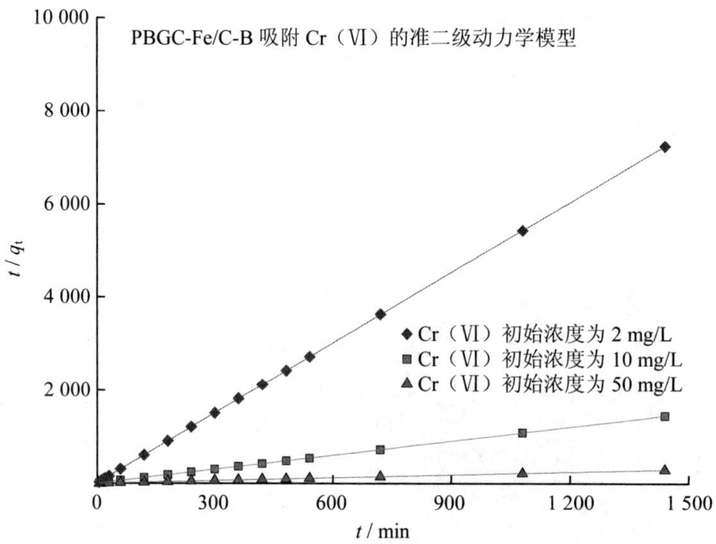

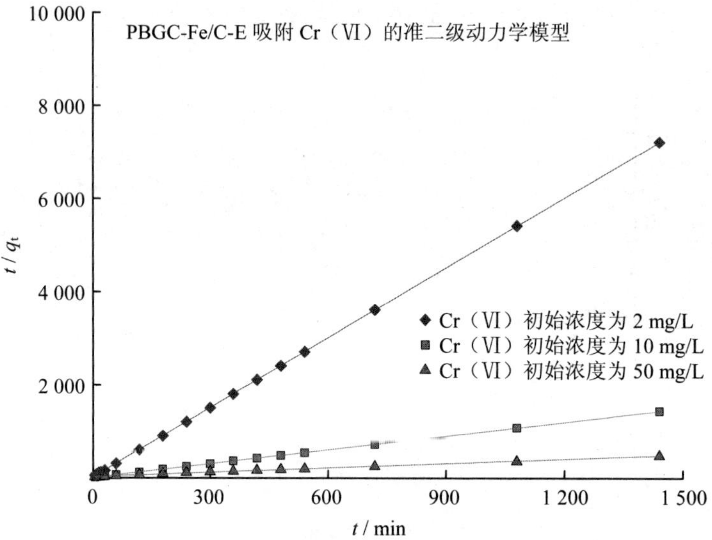

图 5.8 PBGC-Fe/C 吸附 Cr（Ⅵ）的准二级动力学模型

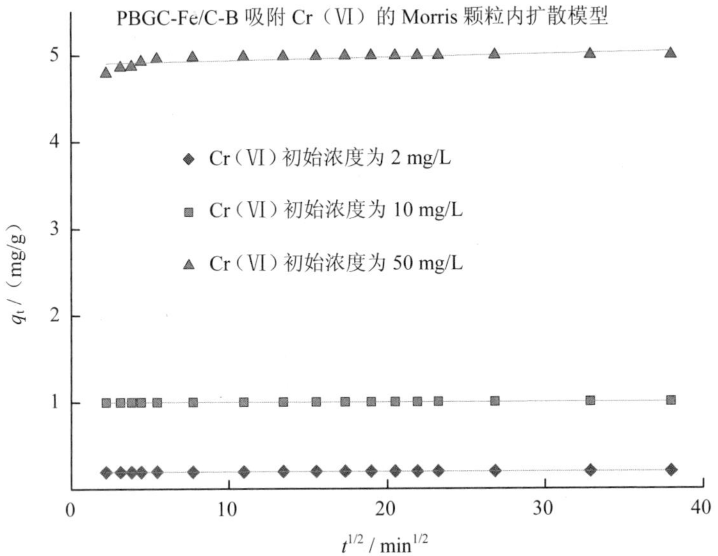

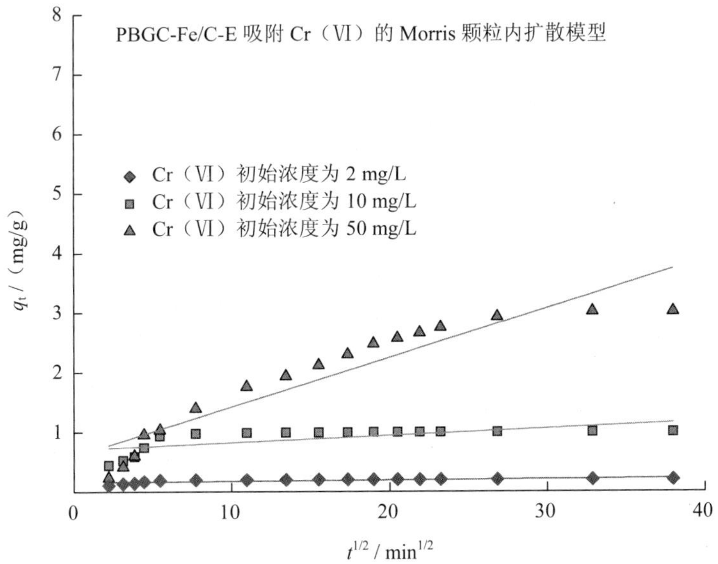

图 5.9　PBGC-Fe/C 吸附 Cr（Ⅵ）的 Morris 颗粒内扩散模型

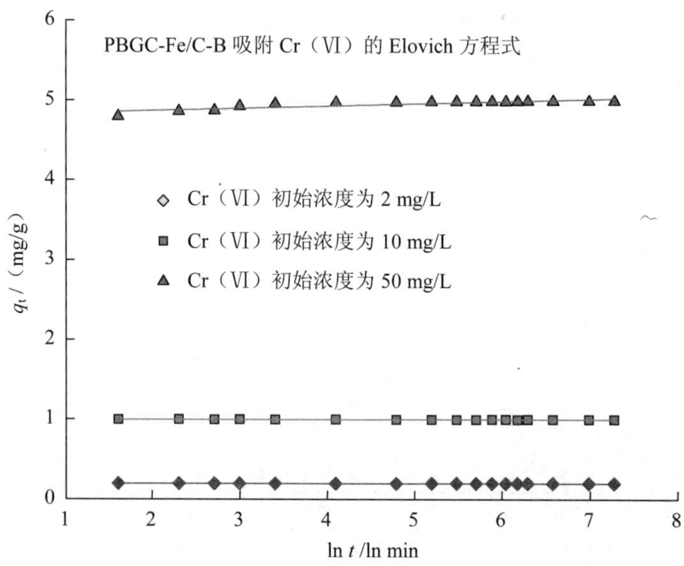

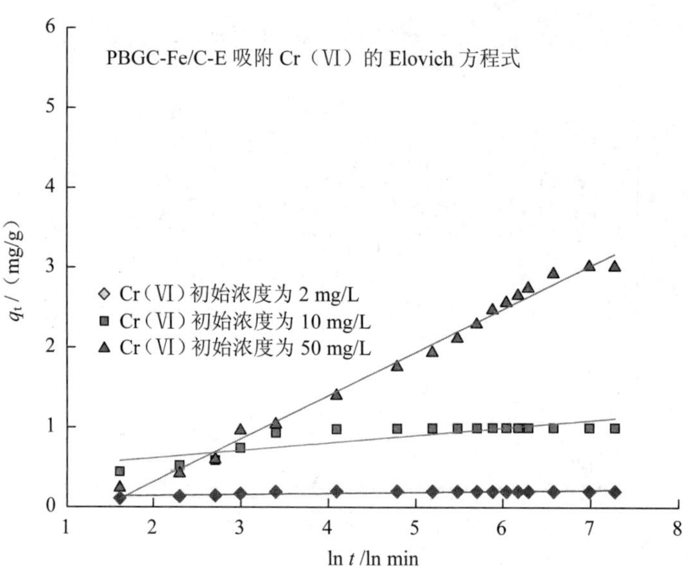

图 5.10 PBGC-Fe/C 吸附 Cr（Ⅵ）的 Elovich 方程式

表 5.6　PBGC-Fe/C 吸附 Cr（Ⅵ）的吸附动力学模型及拟合参数

材料种类	模型类型	初始浓度/（mg/L）	表达式	q_e/（mg/g）	R^2
PBGC-Fe/C-B	准一级动力学	2	$\ln(q_e-q_t)=-0.0023t-6.6928$	0.001	0.734 5
		10	$\ln(q_e-q_t)=-0.0018t-6.276$	0.001 8	0.624 6
		50	$\ln(q_e-q_t)=-0.0045t-3.1478$	0.042 9	0.845
	准二级动力学	2	$t/q=5.0278t+2.1532$	0.199	1
		10	$t/q=1.0020t+0.1877$	0.998 1	1
		50	$t/q=0.2003t+0.065$	4.992 5	1
	Morris 颗粒内扩散模型	2	$q_t=(4.66\times10^{-5})t^{1/2}+0.1975$	—	0.722 2
		10	$q_t=(5.58\times10^{-5})t^{1/2}+0.996$		0.615 1
		50	$q_t=0.0037t^{1/2}+4.8973$		0.443 7
	Elovich 方程	2	$q_t=0.0003\ln t+0.1967$	—	0.870 4
		10	$q_t=0.0003\ln t+0.9952$		0.614 5
		50	$q_t=0.0264\ln t+4.8234$		0.731
PBGC-Fe/C-E	准一级动力学	2	$\ln(q_e-q_t)=-0.0063t-4.8228$	0.008	0.599 2
		10	$\ln(q_e-q_t)=-0.0067t-2.6311$	0.072	0.625
		50	$\ln(q_e-q_t)=-0.0043t+0.8938$	2.444 4	0.993 5
	准二级动力学	2	$t/q=5.0017t+11.8203$	0.199 9	1
		10	$t/q=0.9963t+4.1971$	1.003 7	1
		50	$t/q=0.3142t+26.154$	3.182 7	0.996 6
	Morris 颗粒内扩散模型	2	$q_t=0.0017t^{1/2}+0.1574$	—	0.376 5
		10	$q_t=0.0119t^{1/2}+0.7057$		0.414 5
		50	$q_t=0.0827t^{1/2}+0.5952$		0.868 5
	Elovich 方程	2	$q_t=0.0138\ln t+0.1166$	—	0.689 3
		10	$q_t=0.0941\ln t+0.4301$		0.724 4
		50	$q_t=0.5417\ln t-0.7693$		0.989 8

准一级动力学模型对 PBGC-Fe/C-B 吸附 Cr（Ⅵ）的过程拟合程度较差，最大相关系数 R^2 仅为 0.845（出现在对 50 mg/L Cr（Ⅵ）吸附），理论平衡吸附量 q_e 为 0.042 9 mg/g，与实际值相差较大。准一级动力学模型对 PBGC-Fe/C-E 吸附中低浓度 Cr（Ⅵ）溶液（2 mg/L 和 10 mg/L）的过程拟合程度较差；对高浓度 50 mg/L Cr（Ⅵ）溶液吸附过程拟合相关系数 R^2 较好，但计算获得的理论平衡吸附量 q_e 为 2.444 4 mg/g，与实验值相差很大，因此该反应不符合准一级动力学模型。

Elovich 方程模型和 Morris 颗粒内扩散反应动力学模型对 PBGC-Fe/C 吸附 Cr（Ⅵ）过程拟合程度较差，计算获得的相关系数 R^2 值均较低，说明实验数据与模型并不完全一致，偏离程度较大。具体看来，在 Morris 扩散模型中，PBGC-Fe/C-B 对初始浓度为 50 mg/L Cr（Ⅵ）的吸附过程出现了两个明显的阶段，t 小于 20 min，即 $t^{1/2}$ 小于 4.472 1 时，吸附量 q_t 上升速度较快；t 大于 20 min，q_t 的增量变化不大，出现吸附平台，即吸附达到了平衡状态。而对 2 mg/L 和 10 mg/L Cr（Ⅵ）溶液的吸附过程未出现分阶段吸附特征。PBGC-Fe/C-E 对初始浓度为 10 mg/L 和 50 mg/L 的 Cr（Ⅵ）的吸附过程出现了明显不同分段吸附特征，当 t 小于 20 min，即 $t^{1/2}$ 小于 4.472 1 时，吸附量 q_t 上升速度较快；反应时间超过 20 min 后，初始浓度为 10 mg/L 的吸附过程达到平衡状态，然而初始浓度为 50 mg/L 的吸附量 q_t 仍有较大提升速度，当 $t^{1/2}$ 达到 26.832 8，即吸附时间为 1 080 min 时，吸附达到平衡状态，结果与吸附时间对吸附过程影响的实验分析结果一致。

5.2.2 As（Ⅴ）

分别用准一级动力学模型、准二级动力学模型、Morris 颗粒内扩散模型及 Elovich 方程式等 4 种吸附动力学模型对图 4.7 中吸附时间对吸附影响的实验数据进行拟合分析，可更好地解释吸附剂与吸附质之间的动态相互作用，结果如图 5.11 至图 5.14 和表 5.7 所示。

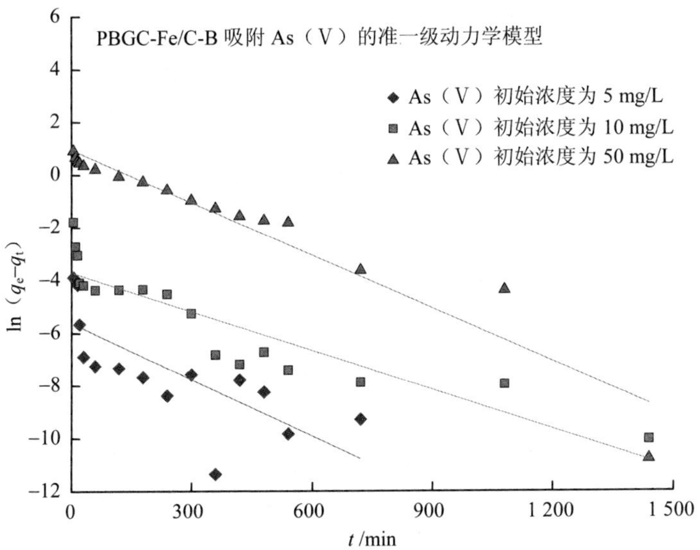

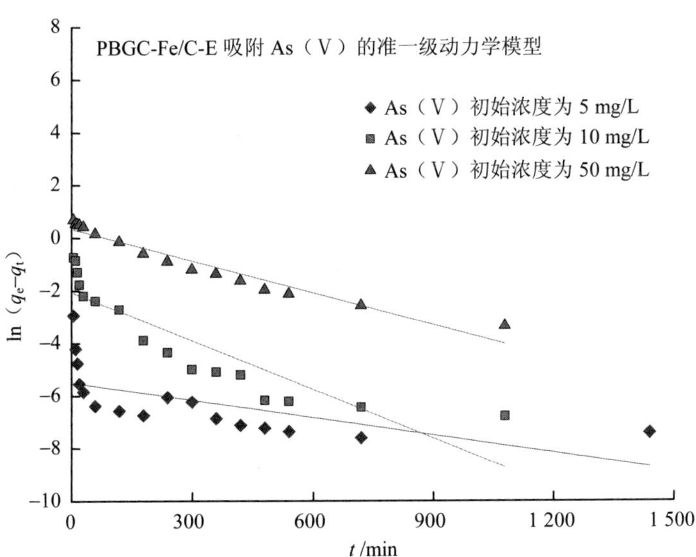

图 5.11　PBGC-Fe/C 吸附 As（V）的准一级动力学模型

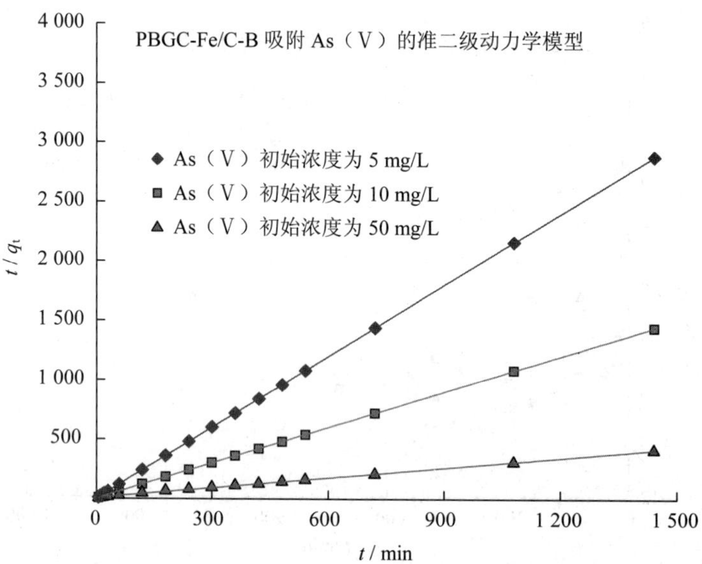

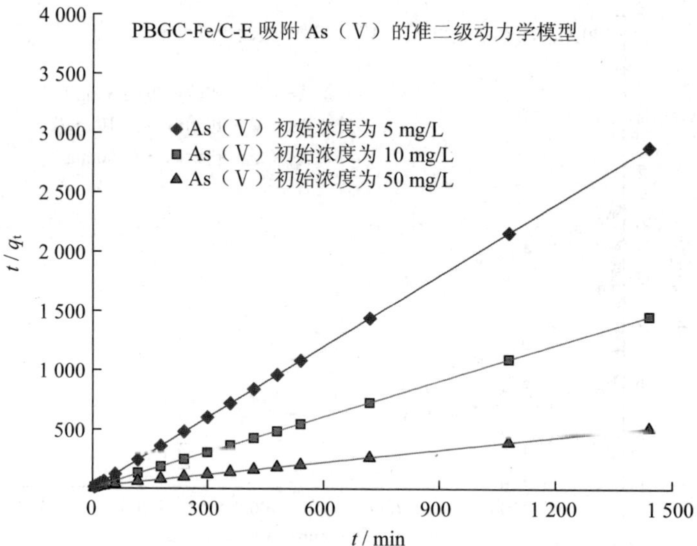

图 5.12 PBGC-Fe/C 吸附 As（V）的准二级动力学模型

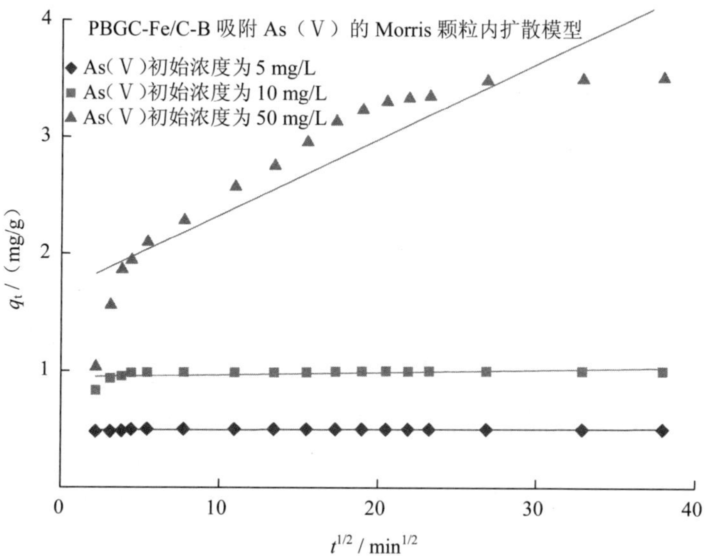

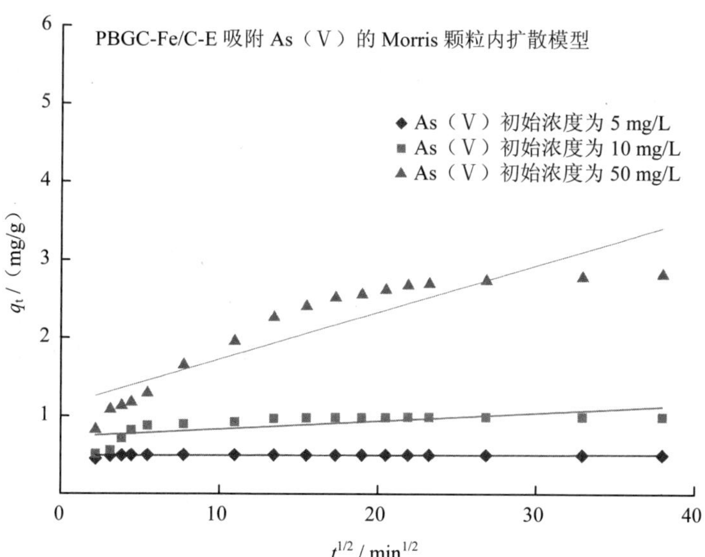

图 5.13　PBGC-Fe/C 吸附 As（Ⅴ）的 Morris 颗粒内扩散模型

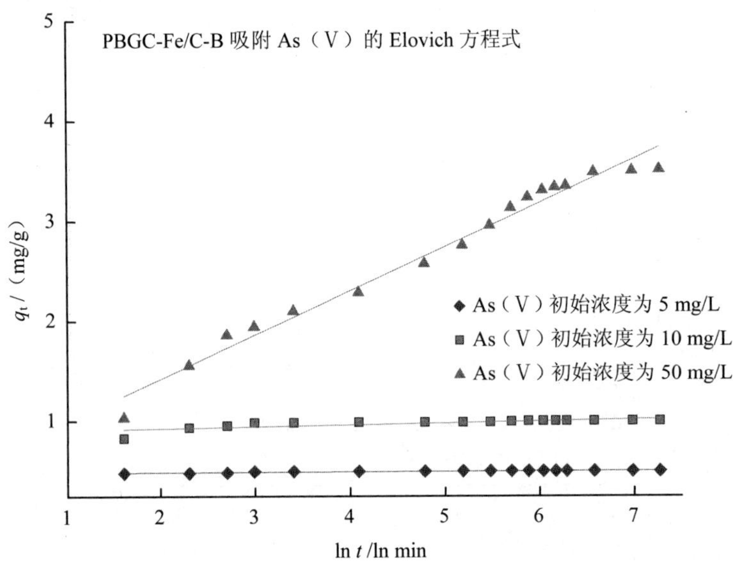

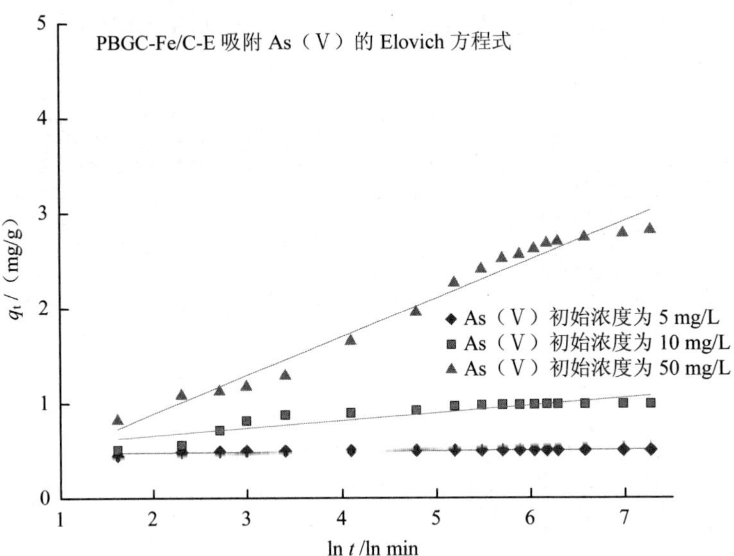

图 5.14 PBGC-Fe/C 吸附 As（V）的 Elovich 方程式

表 5.7 PBGC-Fe/C 吸附 As（Ⅴ）的吸附动力学模型及拟合参数

材料种类	模型类型	初始浓度/（mg/L）	表达式	q_e/（mg/g）	R^2
PBGC-Fe/C-B	准一级动力学	5	$\ln(q_e-q_t)=-0.0072t-5.6188$	0.003 6	0.547 5
		10	$\ln(q_e-q_t)=-0.005t-3.7083$	0.024 5	0.817 1
		50	$\ln(q_e-q_t)=-0.0067t+0.9541$	0.385 2	0.919 2
	准二级动力学	5	$t/q=2.0008t+0.4776$	0.499 8	1
		10	$t/q=1.0004t+1.1015$	0.999 6	1
		50	$t/q=0.28t+8.4194$	3.571 4	0.998 9
	Morris 颗粒内扩散模型	5	$q_t=(4.03\times10^{-4})t^{1/2}+0.4897$	—	0.338 2
		10	$q_t=0.0023t^{1/2}+0.9418$		0.285 8
		50	$q_t=0.0649t^{1/2}+1.6822$		0.800 9
	Elovich 方程	5	$q_t=0.0003\ln t+0.1967$	—	0.870 4
		10	$q_t=0.0003\ln t+0.9952$		0.614 5
		50	$q_t=0.0264\ln t+4.8234$		0.731
PBGC-Fe/C-E	准一级动力学	2	$\ln(q_e-q_t)=-0.0022t-5.495$	0.004 1	0.376 9
		10	$\ln(q_e-q_t)=-0.0062t-2.0516$	0.128 5	0.784 2
		50	$\ln(q_e-q_t)=-0.0041t+0.3437$	1.410 2	0.939 8
	准二级动力学	5	$t/q=2.0011t+0.7822$	0.499 7	1
		10	$t/q=1.007t+5.1139$	0.993	1
		50	$t/q=0.3471t+13.7847$	2.881	0.999
	Morris 颗粒内扩散模型	5	$q_t=(5.65\times10^{-4})t^{1/2}+0.4856$	—	0.183
		10	$q_t=0.0103t^{1/2}+0.7279$		0.488 2
		50	$q_t=0.0603t^{1/2}+1.1221$		0.810 5
	Elovich 方程	5	$q_t=0.0048\ln t+0.4708$	—	0.409 1
		10	$q_t=0.0791\ln t+0.5011$		0.791 5
		50	$q_t=0.4049\ln t+0.0786$		0.974 4

从拟合研究结果可以看出，准二级动力学模型对 3 种浓度下的吸附模拟的相关系数 R^2 几乎均为 1（PBGC-Fe/C-B 吸附 50 mg/L As（Ⅴ）的相关系数 R^2 为 0.998 9，PBGC-Fe/C-E 吸附 50 mg/L As（Ⅴ）的相关系数 R^2 为 0.999），均达到显著相关。PBGC-Fe/C 对 2 mg/L、10 mg/L 和 50 mg/L As（Ⅴ）溶液的理论平衡吸附量 q_e 分别是 0.499 8 mg/g、0.999 6 mg/g 和 3.571 4 mg/g [PBGC-Fe/C-B]及 0.499 7 mg/g、

0.993 mg/g 和 2.881 mg/g [PBGC-Fe/C-E]，与实际实验测得的 q_e 值非常接近。因此，可以认为 PBGC-Fe/C 吸附 As（Ⅴ）的动力学特征符合准二级动力学模型，该模型能很好地描述其吸附动力学过程，其过程主要是受到化学反应的控制。

准一级动力学模型未能很好地描述 PBGC-Fe/C 吸附处理中低浓度含 As（Ⅴ）溶液（5 mg/L 和 10 mg/L）的过程。模型对 PBGC-Fe/C 吸附高浓度含砷溶液（50 mg/L）过程的拟合相关系数 R^2 值超过了 0.9，然而计算获得的对应理论平衡吸附量 q_e 分别为 0.385 2 mg/g 和 1.410 2 mg/g，与实验值相差较大，因此该反应不符合准一级动力学模型。

在 Morris 颗粒内扩散模型的模拟图中可以看到 PBGC-Fe/C 对 50 mg/LAs（Ⅴ）溶液的吸附明显地出现了 3 个阶段的吸附；在 PBGC-Fe/C-B 的吸附过程中，t 小于 15 min，即 $t^{1/2}$ 小于 3.873 时，实时吸附量 q_t 上升速度很快，说明这一阶段的吸附是以扩散为主的物理吸附，t 位于 15～420 min，即 $t^{1/2}$ 为 3.873～20.494 时，q_t 上升速度略有放缓，但直线的斜率仍然很大，当反应进行到 420 min 以后时，q_t 的增量趋于平缓，出现吸附平台，即吸附达到了平衡状态；PBGC-Fe/C-E 吸附过程的物理吸附段较长，时间节点为第 120 min，吸附平台出现的时间节点为第 720 min。因此，容易发现 PBGC-Fe/C-B 对 As（Ⅴ）的吸附速度更具优势，且物理吸附过程完成较快。而对于 5 mg/L 和 10 mg/L 的 As（Ⅴ）均只出现了两阶段的吸附，分段时间节点分别出现在 15 min 和 10 min（PBGC-Fe/C-B）及 30 min 和 15 min（PBGC-Fe/C-E），各吸附过程的变化趋势与 50 mg/L 组类似。

Elovich 方程模型的拟合效果较差，说明实验数据与模型并不一致，偏离程度较大，Elovich 方程模型拟合 PBGC-Fe/C 吸附高浓度 As（Ⅴ）过程获得的相关系数 R^2 达到 0.974 4，但仍小于准二级动力学模型的相关系数 R^2。

5.2.3 P（Ⅴ）

分别用准一级动力学模型、准二级动力学模型、Morris 颗粒内扩散模型及 Elovich 方程式 4 种吸附动力学模型将图 4.13 中吸附时间对吸附影响的实验数据进行拟合，可更好地分析吸附剂与吸附质之间的动态相互作用，结果如图 5.15 至图 5.18 和表 5.8 所示。

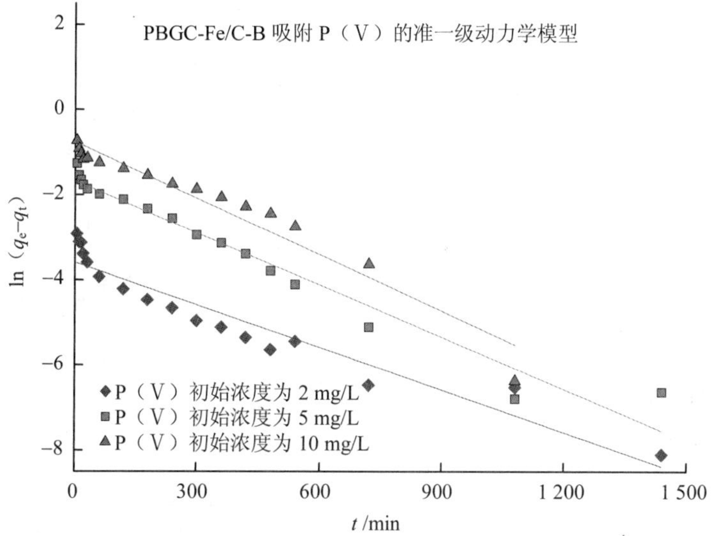

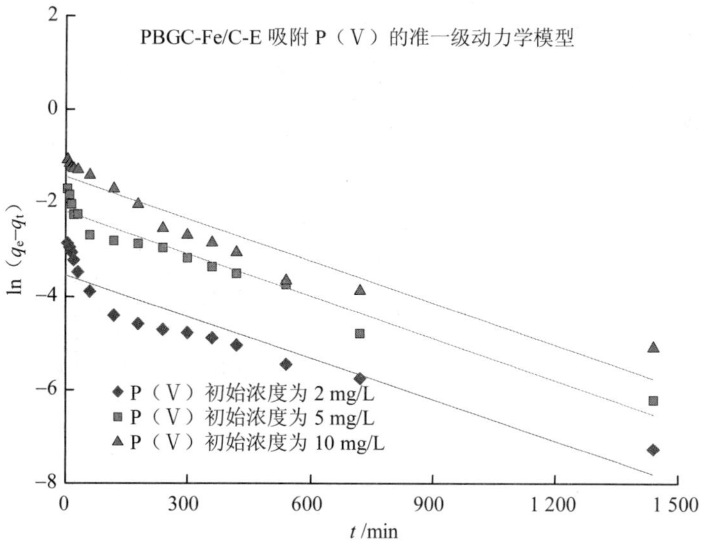

图 5.15　PBGC-Fe/C 吸附 P（V）的准一级动力学模型

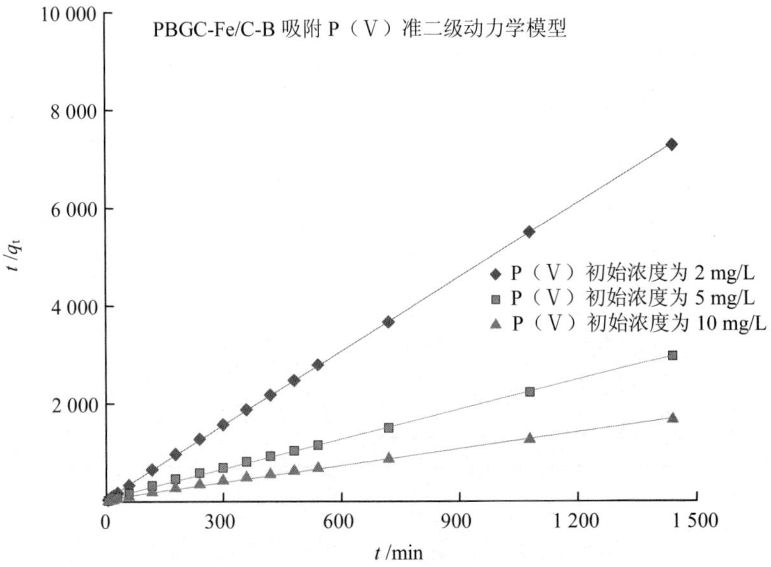

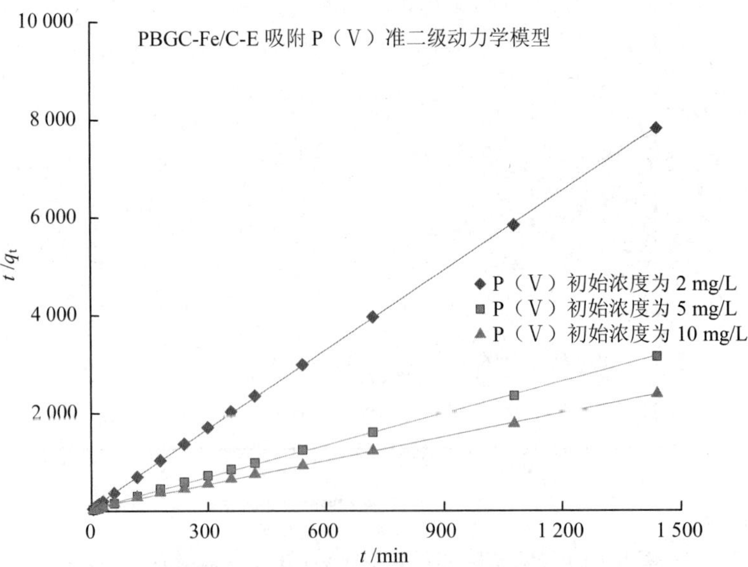

图 5.16　PBGC-Fe/C 吸附 P（V）的准二级动力学模型

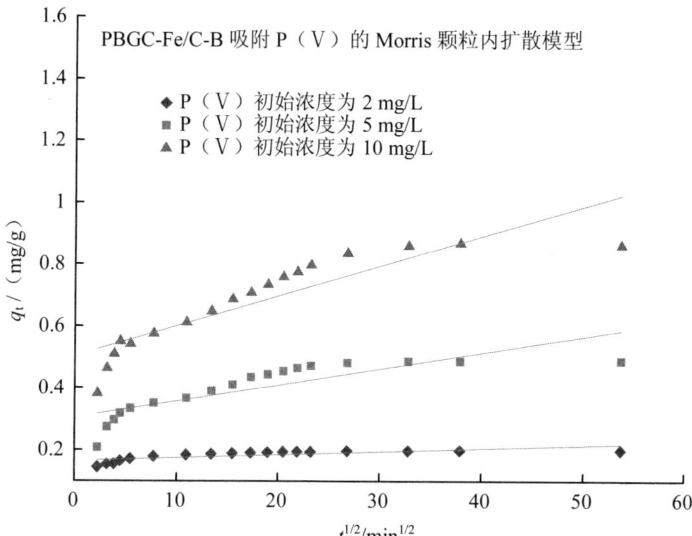

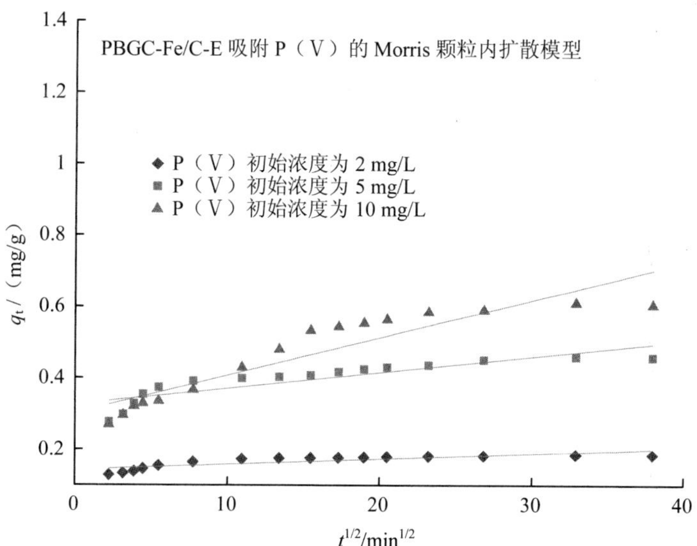

图 5.17　PBGC-Fe/C 吸附 P（Ⅴ）的 Morris 颗粒内扩散模型

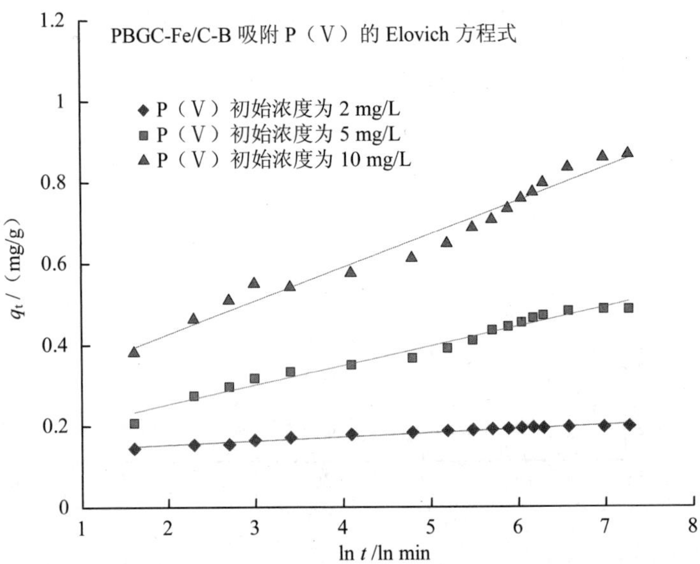

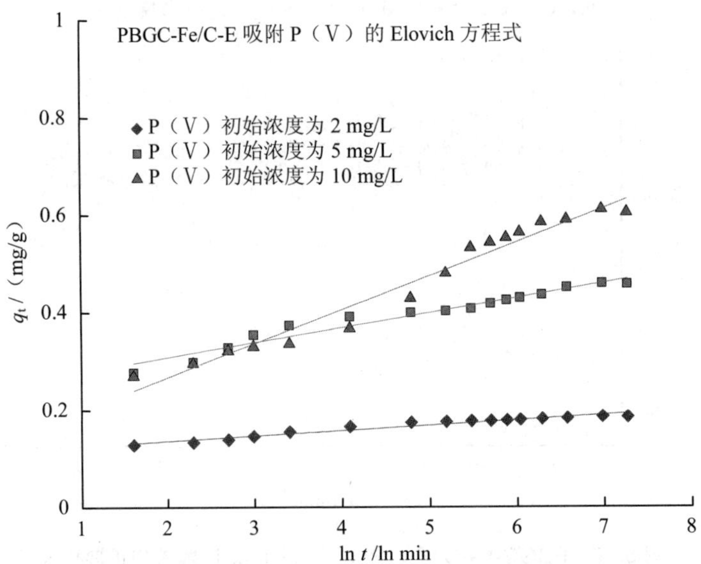

图 5.18 PBGC-Fe/C 吸附 P（V）的 Elovich 方程式

表 5.8　PBGC-Fe/C 吸附 P（Ⅴ）的吸附动力学模型及拟合参数

材料种类	模型类型	初始浓度/（mg/L）	表达式	q_e/（mg/g）	R^2
PBGC-Fe/C-B	准一级动力学	2	$\ln(q_e-q_t)=-0.0033t-3.5898$	0.022 9	0.912 6
		5	$\ln(q_e-q_t)=-0.0041t-1.6746$	0.213 8	0.955 5
		10	$\ln(q_e-q_t)=-0.0044t+0.7609$	0.467 2	0.938
	准二级动力学	2	$t/q=5.0485t+37.3194$	0.198 5	0.999 9
		5	$t/q=2.03284t+50.649$	0.491 9	0.998 7
		10	$t/q=1.1462t+43.237$	0.872 4	0.996 1
	Morris 颗粒内扩散模型	2	$q_t=(9.81\times10^{-4})t^{1/2}+0.1647$	—	0.589 4
		5	$q_t=0.0052t^{1/2}+0.3048$		0.687
		10	$q_t=0.0096t^{1/2}+0.5041$		0.784
	Elovich 方程	2	$q_t=0.0097\ln t+0.1336$	—	0.955 7
		5	$q_t=0.0478\ln t+0.1565$		0.972 6
		10	$q_t=0.0821\ln t+0.2614$		0.968
PBGC-Fe/C-E	准一级动力学	2	$\ln(q_e-q_t)=-0.003t-3.5447$	0.019 1	0.858 4
		5	$\ln(q_e-q_t)=-0.003t-2.1846$	0.091 9	0.947 7
		10	$\ln(q_e-q_t)=-0.003t-1.4396$	0.190 5	0.901 6
	准二级动力学	2	$t/q=5.4062t+46.81$	0.185	0.999 9
		5	$t/q=2.1754t+35.31$	0.469 7	0.999 2
		10	$t/q=1.6227t+48.92$	0.616 3	0.998 7
	Morris 颗粒内扩散模型	2	$q_t=0.0015t^{1/2}+0.1428$	—	0.691 8
		5	$q_t=0.0044t^{1/2}+0.3263$		0.757 4
		10	$q_t=0.0105t^{1/2}+0.3018$		0.848 3
	Elovich 方程	2	$q_t=0.0107\ln t+0.114$	—	0.942 8
		5	$q_t=0.0304\ln t+0.2468$		0.949 4
		10	$q_t=0.0692\ln t+0.1281$		0.964 8

由图 5.16 至图 5.19 及表 5.8 可知，准一级动力学模型、准二级动力学模型和 Elovich 方程对 PBGC-Fe/C 吸附水中 P（Ⅴ）都具有较高的拟合相关系数 R^2 值。PBGC-Fe/C-B 组的回归分析优劣次序为：准二级反应模型＞准一级反应模型＞Elovich 方程，而 PBGC-Fe/C-E 组的回归分析优劣次序为：准二级反应模型＞Elovich 方程＞准一级反应模型。

明显地，准二级动力学模型能很好地描述 PBGC-Fe/C 吸附 P（Ⅴ）的动力学过程，2 mg/L、5 mg/L 和 10 mg/L 3 种浓度下拟合的相关系数 R^2 值分别为 0.999 9、0.998 7 和 0.996 1 [PBGC-Fe/C-B]及 0.999 9、0.999 2 和 0.998 7 [PBGC-Fe/C-E]，均达到显著相关。相应求出的 As（Ⅴ）溶液理论平衡吸附量 q_e 分别为 0.198 5 mg/g、0.491 9 mg/g 和 0.872 4 mg/g [PBGC-Fe/C-B]及 0.185 0 mg/g、0.469 7 mg/g 和 0.616 3 mg/g [PBGC-Fe/C-E]，与实际测得的 q_e 值非常接近。因此，可以认为材料对 P（Ⅴ）的吸附主要是受到化学反应的控制。

准一级动力学模型模拟计算出的 q_e 分别为 0.022 9 mg/g、0.213 8 mg/g 和 0.467 2 mg/g [PBGC-Fe/C-B] 及 0.019 1 mg/g、0.091 9 mg/g 和 0.190 5 mg/g [PBGC-Fe/C-E]，与实验测定值相差很大，且其拟合直线方程的相关系数 R^2 均小于准二级动力学模型，说明实验数据与该模型并不完全一致。Elovich 方程模拟的相关系数 R^2 值较大，分别为 0.955 7、0.972 6 和 0.968 [PBGC-Fe/C-B]及 0.942 8、0.949 4 和 0.964 8 [PBGC-Fe/C-E]，但均小于准二级动力学模型。Morris 颗粒内扩散反应动力学模型模拟的相关系数 R^2 值均较小，不能很好地描述该吸附反应，说明吸附过程比颗粒内扩散过程复杂，颗粒内扩散不是该吸附的控制步骤。但是从 Morris 颗粒内扩散模型图中可以读到一些信息，10 mg/L P（Ⅴ）的吸附与重金属吸附类似出现了分阶段吸附现象，PBGC-Fe/C-B 的吸附过程中，t 小于 30 min 时间段是以扩散为主的物理吸附阶段，t 位于 15～480 min 为多种吸附作用共存的过渡阶段，当反应进行到 480 min 以后，出现吸附平台，即吸附达到了平衡状态；PBGC-Fe/C-E 吸附过程的物理吸附段时间节点也是在第 30 min，吸附平台出现的时间节点为第 540 min。因此，可以认为从吸附速度及达到饱和时间上来看，PBGC-Fe/C-E 对高浓度 P（Ⅴ）的吸附更具优势。

5.3 反应溶液体系中目标组分存在形态分析

为更好地了解清楚 PBGC-Fe/C 对水环境中 Cr（Ⅵ）、As（Ⅴ）和 P（Ⅴ）的吸附机理，本研究对原始溶液及吸附平衡后溶液中的目标元素浓度、Eh 和对应 pH 进行了测定，利用 PHREEQC 程序计算获取各种平衡状态下，反应溶液体系中 Cr、As 和 P 存在的离子形态以及理论浓度，以提供吸附过程的氧化还原反应证据，结果如图 5.19 至图 5.21 所示。

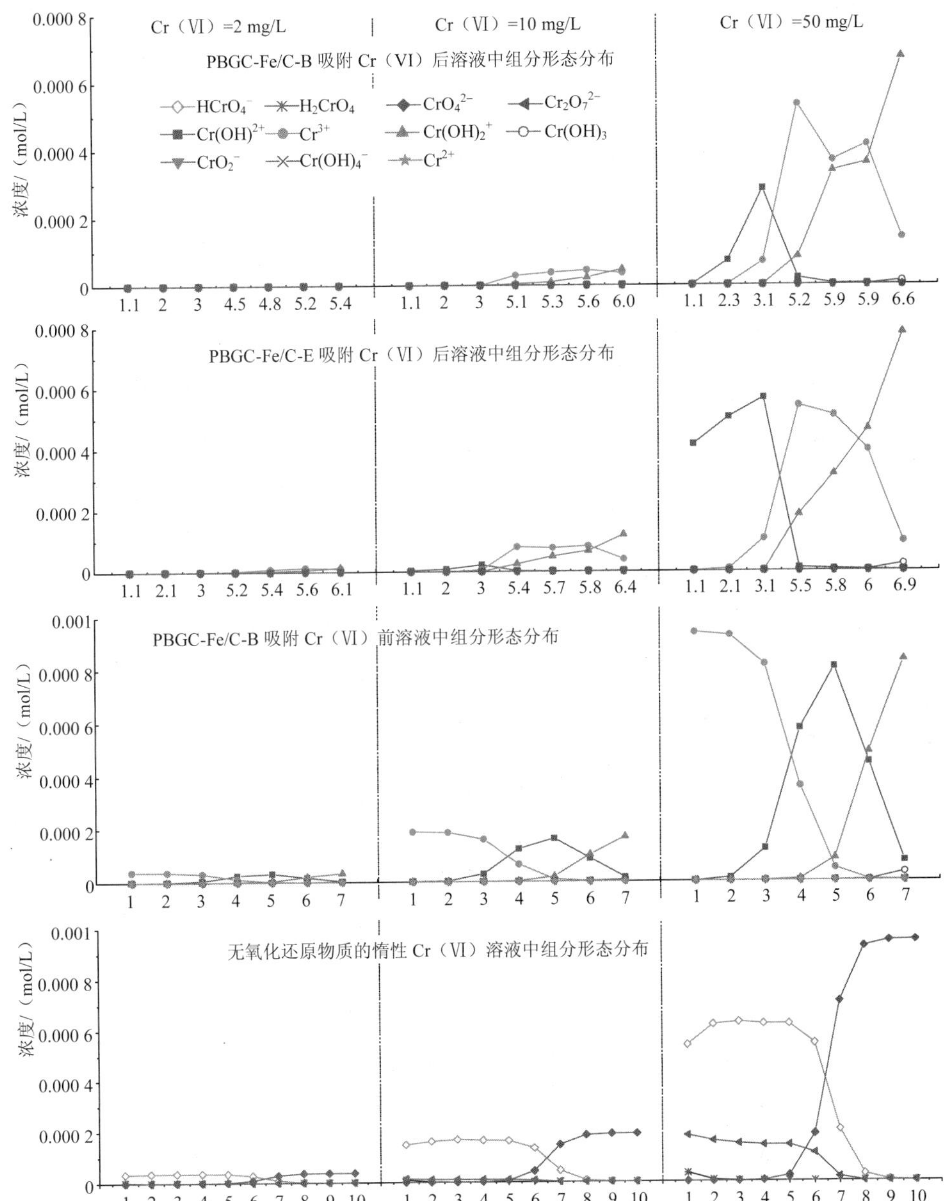

图 5.19　PBGC-Fe/C 吸附 Cr（Ⅵ）前后的溶液体系中组分热力学形态

由图 5.19 可知，在未经过氧化还原的含 Cr（Ⅵ）原溶液中，铬主要以 $HCrO_4^-$、H_2CrO_4、CrO_4^{2-}和 $Cr_2O_7^{2-}$ 4 种形态存在；pH 小于 5 时，80%的 Cr（Ⅵ）以 $HCrO_4^-$ 组分形态存在，其余的 20%为 $Cr_2O_7^{2-}$；pH 大于 7.5 情况下，Cr（Ⅵ）均以 CrO_4^{2-} 形态存在，pH 在 5～7.5 范围内，则以 3 种形态的 Cr（Ⅵ）共存。可以看出，当 pH 大于 7.5 以后，溶液中 CrO_4^{2-}是优势离子，此时溶液带负电荷最多。据报道[168]，溶液 pH 为 2.5 时，吸附去除 Cr（Ⅵ）效果最高。如果能找到表面带正电荷的吸附剂，则更加利于吸附的进行。然而大部分吸附剂的零点电位 pH_{PZC} 均小于 7.5。本研究中，PBGC-Fe/C-B 的 pH_{PZC} 为 3.1，PBGC-Fe/C-E 的 pH_{PZC} 为 3.2，也属于该范畴，因而碱性溶液中难以达到良好的吸附效果。实验分析发现，由于 Cr（Ⅵ）自身存在不稳定性，在选定的 2 mg/L、10 mg/L 和 50 mg/L 浓度状态下，很少发现以六价铬价态存在。稳定溶液中铬可能存在的离子形态有 $HCrO_4^-$、H_2CrO_4、CrO_4^{2-}、$Cr_2O_7^{2-}$、$Cr(OH)^{2+}$、Cr^{3+}、$Cr(OH)_2^+$、$Cr(OH)_3$、CrO_2^-、$Cr(OH)_4^-$及 Cr^{2+} 共 11 种，但经过理论计算发现，溶液中铬基本以 Cr^{3+}、$Cr(OH)^{2+}$和 $Cr(OH)_2^+$ 3 种离子形式稳定存在，且溶液初始浓度越高，3 种离子浓度越高。本研究中 pH 小于 2.5 的时候，溶液中 85%的 Cr 元素以 Cr^{3+}形式存在，15%左右为 $Cr(OH)^{2+}$；当 pH 大于 2.5 以后，两种形态离子浓度含量互相交换；从 pH 大于 5.5 开始，溶液中主要的离子形态为 $Cr(OH)_2^+$及 $Cr(OH)^{2+}$。

吸附平衡后浓度测定结果显示，在酸性环境下，PBGC-Fe/C-B 基本完全吸附了中低浓度的 Cr 元素，在中浓度的弱酸性-中性环境中，滤液存在着少量的 $Cr(OH)^{2+}$和 $Cr(OH)_2^+$，对 Cr^{3+}的去除率均在 90%以上；在高浓度溶液组中，吸附处理效果可以保持去除率在 62%以上，但滤液仍然存在大量的 Cr^{3+}、$Cr(OH)^{2+}$和 $Cr(OH)_2^+$ 3 种离子。PBGC-Fe/C-E 在酸性环境下吸附中低浓度溶液后，Cr 元素基本被吸附净化完全，对 Cr^{3+}的去除率均在 83.3%以上，在滤液中也只发现少量 $Cr(OH)^{2+}$和 $Cr(OH)_2^+$；在弱酸性-碱性环境中，中浓度溶液吸附后仍存在着少量 $Cr(OH)^{2+}$和 $Cr(OH)_2^+$；在高浓度溶液中，吸附处理后滤液仍然存在大量 Cr^{3+}、$Cr(OH)^{2+}$和 $Cr(OH)_2^+$ 3 种离子，其剩余浓度与溶液 pH 有很大关系。其原因可能是部分 Cr（Ⅵ）被还原为 Cr（III）后，还存在以下反应：

$$2Cr^{3+}+6OH^- = Cr_2O_3+3H_2O \tag{5.19}$$

$$FeO + Cr_2O_3 = FeO \cdot Cr_2O_3 \quad (5.20)$$

反应生成 $FeO \cdot Cr_2O_3$ 稳固包围在吸附剂表层，阻止 Cr（III）的进一步反应；另外，吸附剂中存在部分离子半径与 Cr（III）相近的阳离子进行了离子交换过程，Cr（III）返回至滤液中，因此，溶液中 Cr^{3+}、$Cr(OH)^{2+}$和 $Cr(OH)_2^+$ 3 种离子过剩。

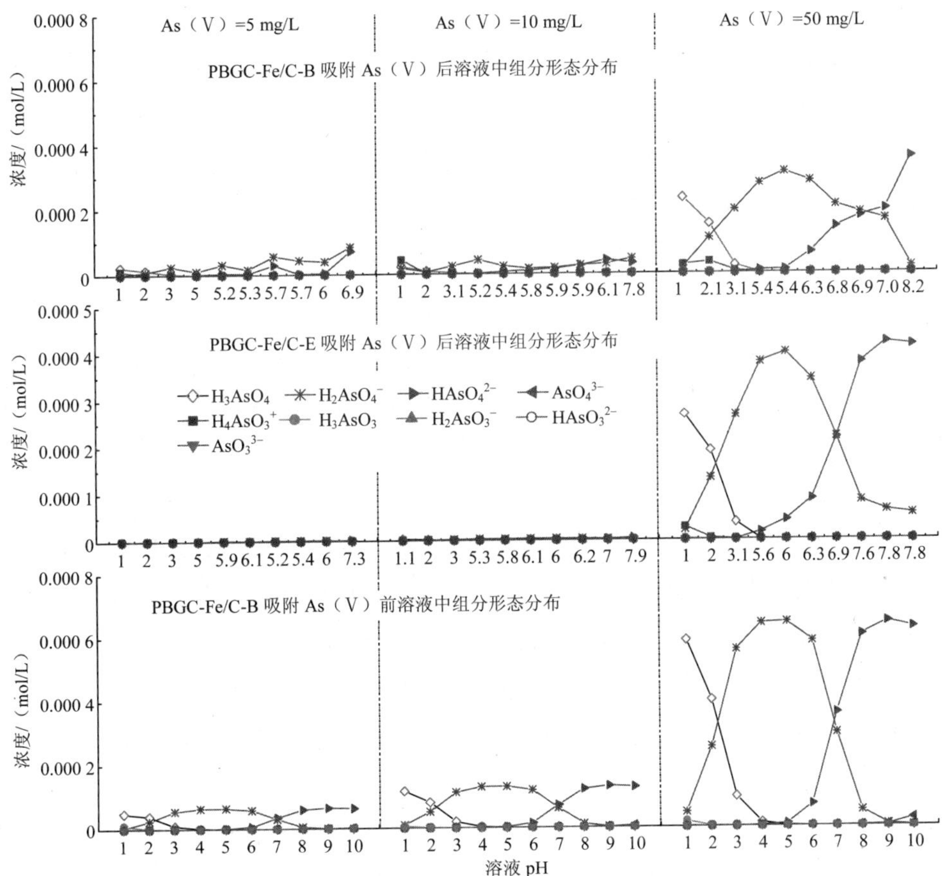

图 5.20　PBGC-Fe/C 吸附 As（V）前后的溶液体系中组分热力学形态

由图 5.20 可知，在不同初始浓度的 As（Ⅴ）溶液中，As 以 H_3AsO_4、$H_2AsO_4^-$、$HAsO_4^{2-}$、AsO_4^{3-}、$H_4AsO_3^+$、H_3AsO_3、$H_2AsO_3^-$、$HAsO_3^{2-}$及 AsO_4^{3-} 9 种形态稳定存在。经过理论计算获得的数据分析可知，吸附前水溶液在选定的 2 mg/L、10 mg/L 和 50 mg/L 浓度条件下稳定存在的形态主要为 H_3AsO_4、$H_2AsO_4^-$和 $HAsO_4^{2-}$ 3 种，均以 As（Ⅴ）价态存在，随着溶液初始浓度的增大，3 种形态 As（Ⅴ）浓度逐步提高。pH 为 2、4.5 和 7 均为溶液中 As 离子形态组成变化的转折点，pH＜2 时，80%为 H_3AsO_4，15%为 $H_2AsO_4^-$；pH 在 2～5 范围内时，$H_2AsO_4^-$为主要离子形态，H_3AsO_4 含量在相应减少，但是它仍然是主要的离子存在形态之一。pH 在 3～6 范围内时，溶液中 As（Ⅴ）基本以 $H_2AsO_4^-$形态存在；pH 在 6～8 范围内时，溶液中 As（Ⅴ）以 $H_2AsO_4^-$和 $HAsO_4^{2-}$两种组分共存；pH 大于 8 以后，溶液中 $HAsO_4^{2-}$形态基本占 100%。经平衡吸附后对滤出液的实验测定结果显示，吸附后溶液 pH 明显下降，说明吸附过程中产生大量的 H^+。PBGC-Fe/C-B 处理中低浓度溶液的酸性溶液（pH＜3）后，对溶液中各种形态离子的去除率均达到 92%以上，且绝大部分去除率达 99%。

当溶液初始浓度为 5 mg/L 和 10 mg/L 时，吸附后溶液的 pH 明显下降，因而可以推测溶液中残留的 As（Ⅴ）主要以 $H_2AsO_4^-$形态存在，其次为 $HAsO_4^{2-}$。在溶液初始浓度为 50 mg/L 时，由于吸附后溶液 pH 变化幅度较小，可以推测，吸附前后溶液中 As（Ⅴ）的存在形态变化不大。

如图 5.21 所示，在不同初始浓度 P（Ⅴ）溶液中，P（Ⅴ）以 H_3PO_4、$H_2PO_4^-$、HPO_4^{2-}及 PO_4^{3-} 4 种形态稳定存在。研究表明，吸附前水溶液在选定的 2 mg/L、5 mg/L 和 10 mg/L 浓度状态下稳定存在的离子形态主要为 H_3PO_4、$H_2PO_4^-$和 HPO_4^{2-} 3 种，均以 P（Ⅴ）价态存在，随着溶液初始浓度的增大，H_3PO_4、$H_2PO_4^-$和 HPO_4^{2-}的浓度呈现出有规律的逐步提高趋势。pH 小于 4 时，H_3PO_4 和 $H_2PO_4^-$共存，随着 pH 的升高，H_3PO_4 含量在降低，$H_2PO_4^-$随之升高。pH 在 4～6 范围内，溶液中离子以 $H_2PO_4^-$为主，占 95%以上；pH 在 6～9 范围内，$H_2PO_4^-$与 HPO_4^{2-}共存，随着 pH 的升高，$H_2PO_4^-$含量在降低，HPO_4^{2-}含量随之升高；pH 大于 9 以后，溶液中优势离子为 HPO_4^{2-}。经过平衡吸附，对滤出液的测定计算结果显示，溶液处于酸性状态（pH＜6）时，PBGC-Fe/C-B 对中低浓度 P（Ⅴ）溶液表现出非常良好的吸附性能，对各种形态离子的去除率均达到 73%以上。且绝大部分的去除率达到 95%以上。在碱性溶液中（pH＞7），还剩余部分 H_3PO_4、$H_2PO_4^-$和 HPO_4^{2-}，从 PBGC-Fe/C 吸附后滤液组分浓度分布可知，pH 为 5 是吸附效果的一个分水岭，pH＜5 的情况下，PBGC-Fe/C 表现出对磷的一定吸附效果，各浓度溶液在不同 pH 范围下，其吸附率在 35.3%和 99.13%之间变化。

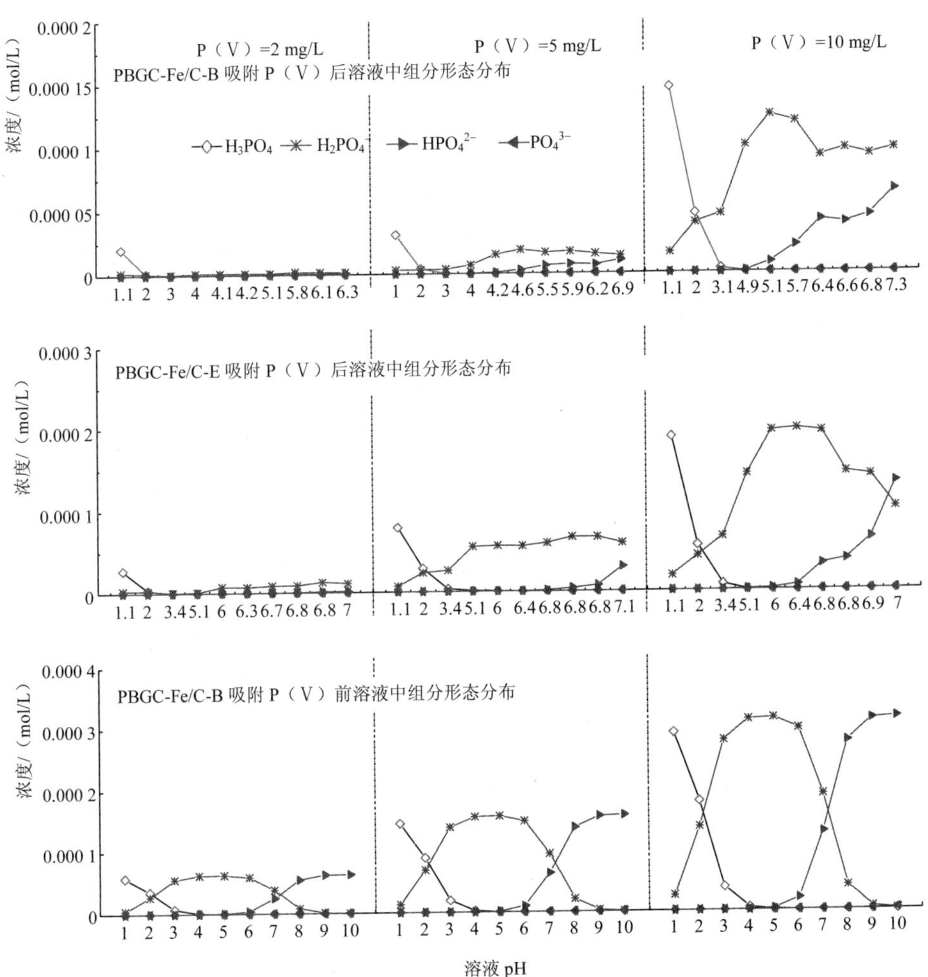

图 5.21　PBGC-Fe/C 吸附 P（V）前后的溶液体系中组分热力学形态

5.4　固相表征分析与吸附过程研究

5.4.1　PBGC-Fe/C 吸附前后的表征分析

5.4.1.1　能谱

（1）PBGC-Fe/C 对 Cr（Ⅵ）吸附的 EDS 分析

采用电子显微镜-能谱仪对吸附处理 100 mg/L 含 Cr(Ⅵ)溶液后的 PBGC-Fe/C 分别进行了由点到面的扫描，图谱 1 代表材料大孔内表面，图谱 2 代表材料大孔边缘，图谱 3 代表材料小孔边缘。扫描得到的能谱分别由图 5.22 和图 5.23 所示，表 5.9 列出了点扫描中表面的各个元素所占的质量百分比。

从图 5.22、图 5.23 和表 5.9 可知，图谱 1、图谱 2、图谱 3 所在的点位均检测出了铬元素，结合面扫描的结果表明，铬元素是被均匀吸附在 PBGC-Fe/C 管壁位置上的，其分布与所示样品微观结构一致。并且在微孔、大孔边缘铬含量较高，而在结实材质无孔部分的铬含量较低，可能是因为 Fe_2O_3/Fe_3O_4 在制备过程中，难以在该材料部位形成良好的吸附位而造成。PBGC-Fe/C-B 图谱 2 铁含量很低，是由于图谱 2 位置为毛竹维管束部分的木质部位置，该部位材质密实，已选定的制备工艺难以对该区域的碳结构完成有效稳定的 Fe 改性。根据测试，材料还存在部分碳，因此 PBGC-Fe/C 对铬的吸附是由于碳和含铁氧化物的共同作用，PBGC-Fe/C 对铬的去除主要途径是吸附作用。

（2）PBGC-Fe/C 对 As（Ⅴ）吸附的 EDS 分析

采用电子显微镜-能谱仪对吸附处理 100 mg/L 含 As(Ⅴ)溶液后的 PBGC-Fe/C 进行了由点到面的扫描，扫描得到的结果分别如图 5.24 和图 5.25 所示，表 5.10 列出了点扫描中材料表面元素所占的质量百分比。

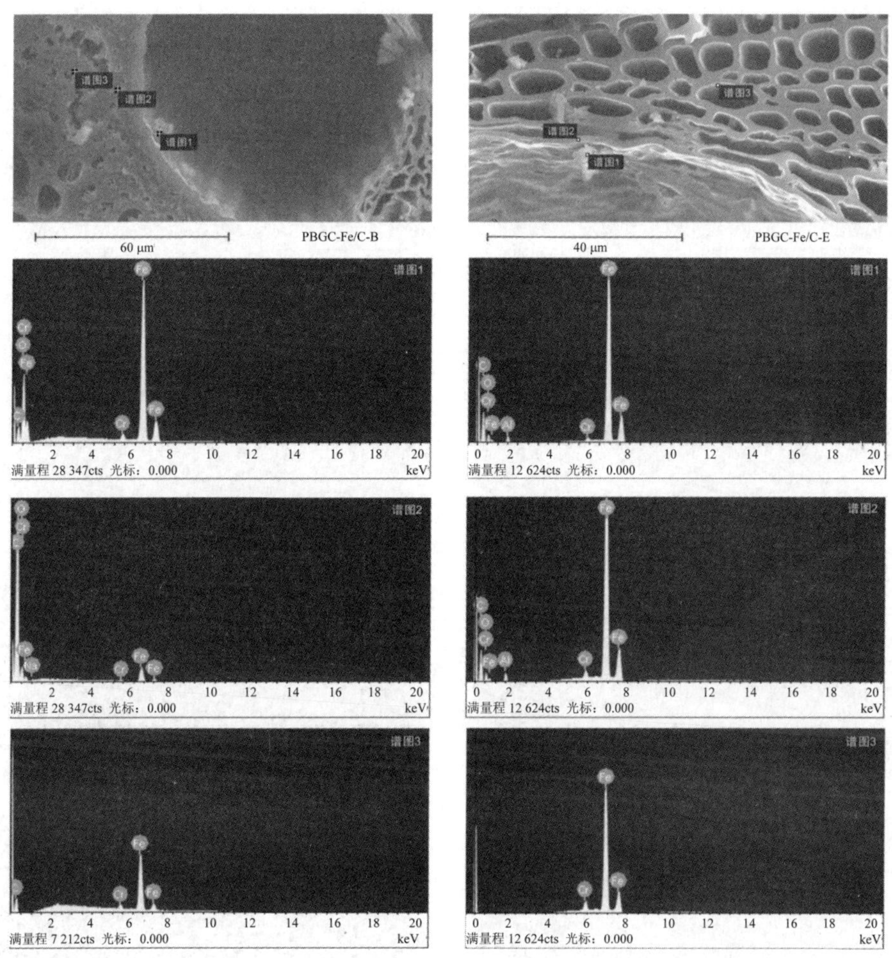

图 5.22 PBGC-Fe/C 吸附 Cr（Ⅵ）后的点扫描能谱

表 5.9 PBGC-Fe/C 吸附 Cr（Ⅵ）后的表面元素质量百分比　　单位：%

元素	PBGC-Fe/C-B			PBGC-Fe/C-E		
	图谱 1	图谱 2	图谱 3	图谱 1	图谱 2	图谱 3
C	13.39	73.44	34.24	26.52	24.61	23.87
O	20.87	18.47	0.86	2.94	2.86	2.63
Fe	64.49	7.79	62.13	69.02	69.23	70.91
Cr	1.25	0.13	2.77	0.63	2.07	1.49

注：PBGC-Fe/C-E 在吸附后的点扫描仍然发现有少量桉木自身存在的 Al 元素，谱图 1、谱图 2、谱图 3 位置的 Al 元素百分含量分别为 0.89%、1.23%和 1.10%。

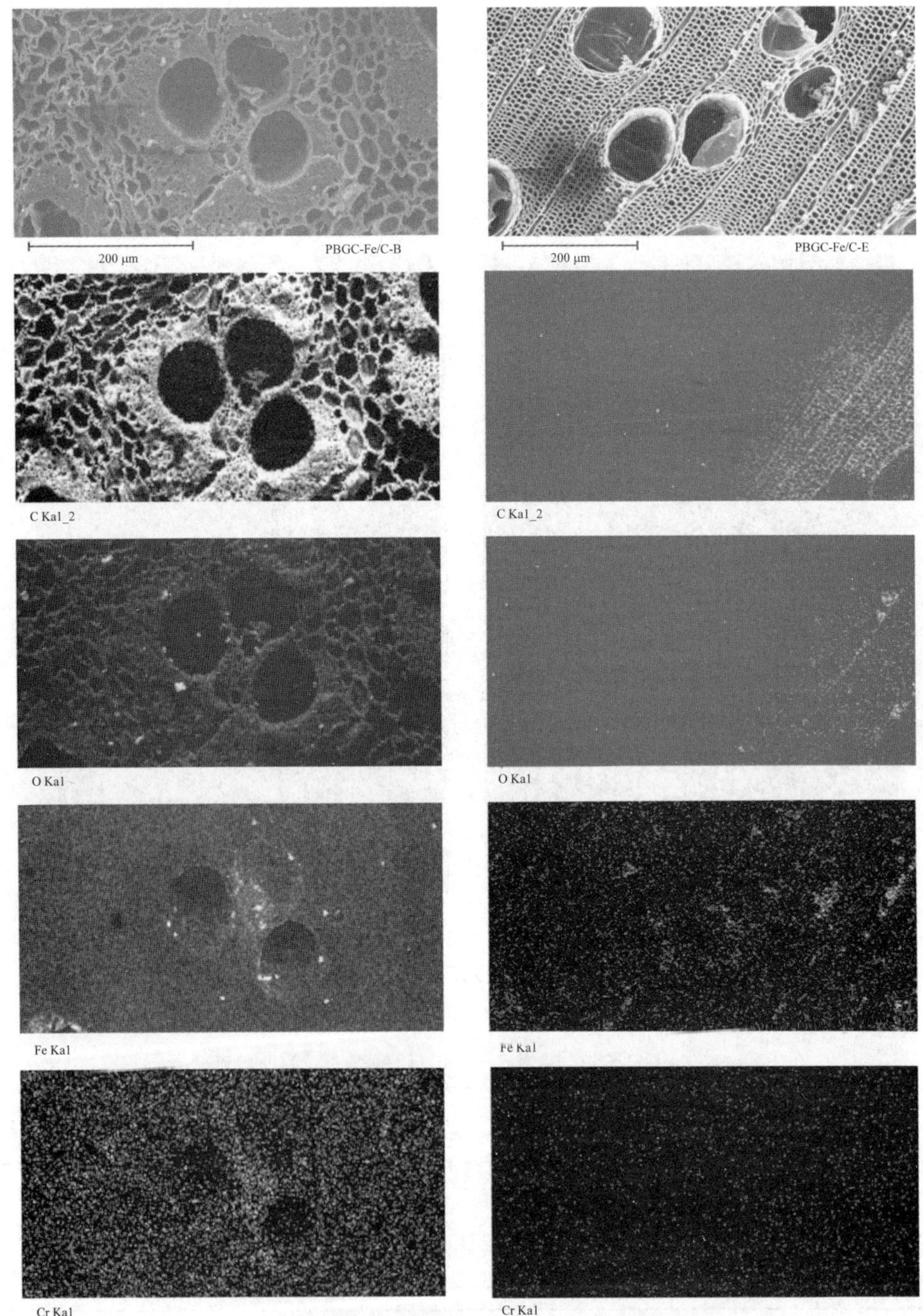

图 5.23 PBGC-Fe/C 吸附 Cr（Ⅵ）后的面扫描能谱

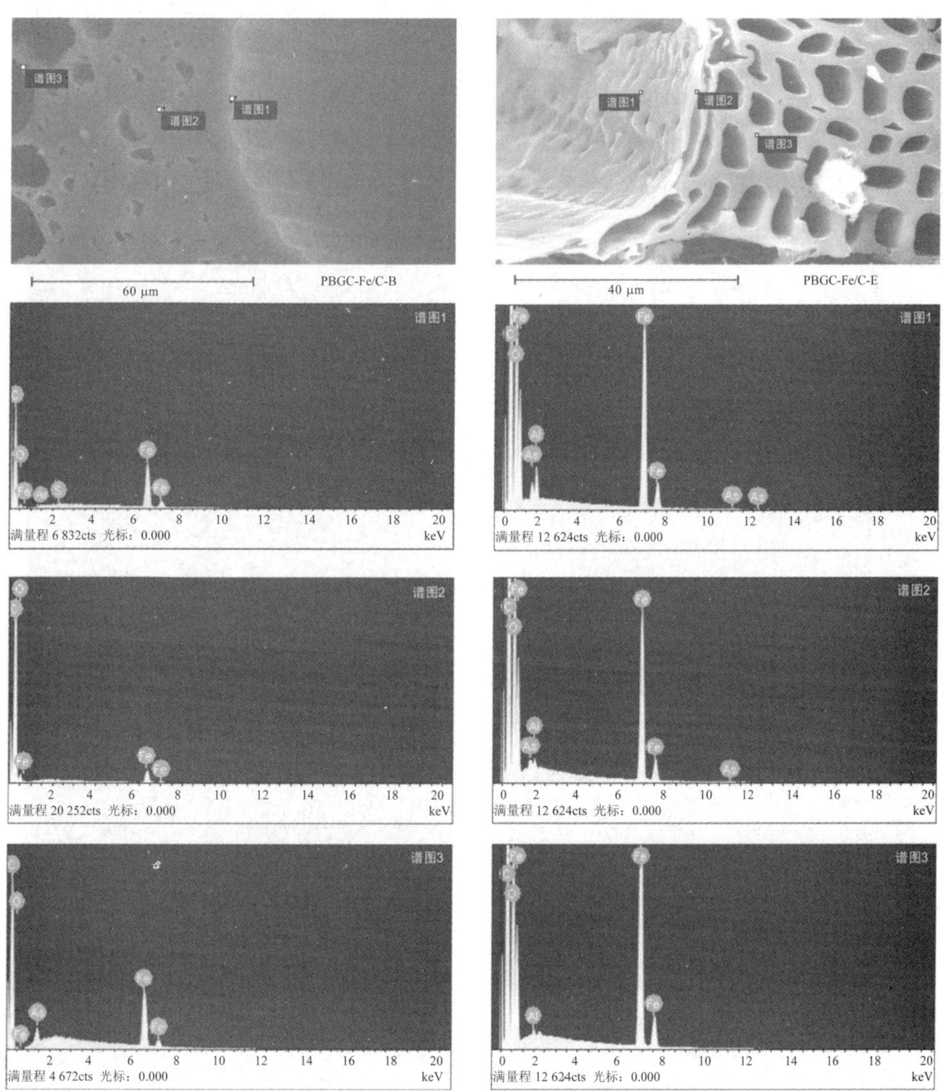

图 5.24 PBGC-Fe/C 吸附 As（Ⅴ）后的点扫描能谱

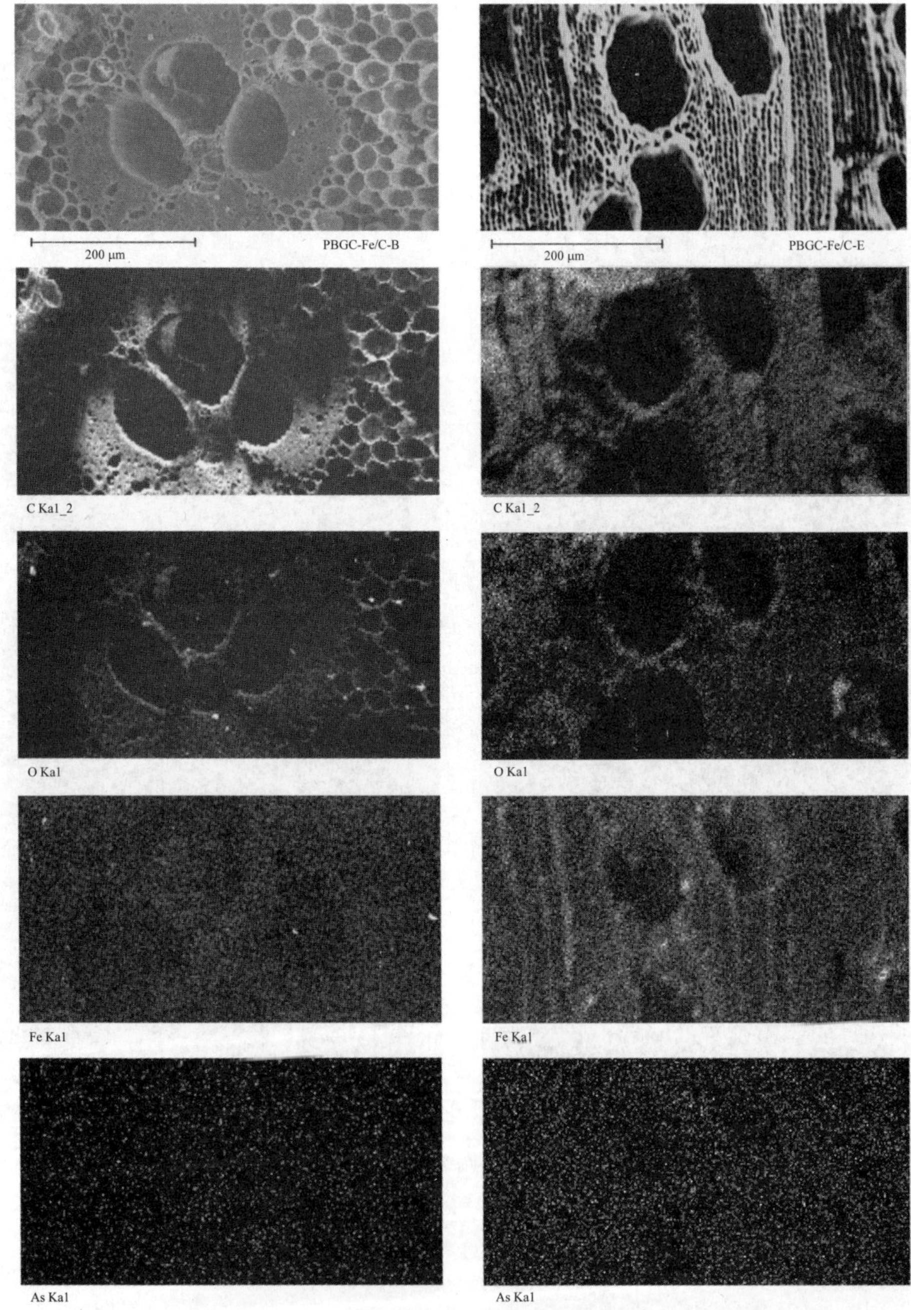

图 5.25 PBGC-Fe/C 吸附 As（V）后的面扫描能谱

表 5.10　PBGC-Fe/C 吸附 As（V）后的表面元素质量百分比　　单位：%

元素	PBGC-Fe/C-B			PBGC-Fe/C-E		
	图谱 1	图谱 2	图谱 3	图谱 1	图谱 2	图谱 3
C	67.01	78.13	74.04	52.26	59.20	52.74
O	6.69	15.15	2.50	29.86	28.32	27.44
Fe	25.24	6.72	23.19	16.48	12.05	19.68
As	1.63	0.00	4.27	0.71	0.30	0.00

注：PBGC-Fe/C-E 在吸附后的点扫描仍然发现有少量桉木自身存在的 Al 元素，谱图 1、谱图 2、谱图 3 位置的 Al 元素百分含量分别为 0.69%、0.13%和 0.14%。

从点扫描图的表征结合表 5.10 可以看出，PBGC-Fe/C-B 吸附后的图谱 2 及 PBGC-Fe/C-E 的图谱 3 表征所在位置几乎检测不到砷元素，其他两点均可以检测到微量的砷。结合扫描电镜表征结果表明，在碳结构厚实、局部不存在孔隙的部位难以形成铁氧化物，未形成对砷的吸附活性位，因此可推断，PBGC-Fe/C 对砷的吸附位置主要在材料微孔空隙内部，在管壁位置含量较低，在大孔管壁和实体截面位置砷附着量较少，这与面扫描能谱图中砷的分布情况基本一致。

（3）PBGC-Fe/C 对 P（V）吸附的 EDS 分析

采用电子显微镜-能谱仪对吸附处理 50 mg/L 含 P（V）溶液后的 PBGC-Fe/C 进行了由点到面的扫描，扫描得到的结果分别如图 5.26 和图 5.27 所示，表 5.11 列出了点扫描中材料表面元素所占的质量百分比。

分析扫描图结合表 5.11 可知，PBGC-Fe/C-E 的点扫描能谱图和面扫描能谱图均没有测出磷元素，对 PBGC-Fe/C-B 的图件数据分析发现，点扫描图中的图谱 2 位置（毛竹维管束部分的木质部位置）未发现磷元素的存在，这可能是因为材料对磷的吸附量很小，且磷主要被吸附在微孔的内部，无法从面扫描分析得出相关表征结论。对比两种材料吸附后的表征结果可以认为 PBGC-Fe/C 中铁的改性对磷的吸附性能增加幅度有限，而竹炭自身便有一定的磷吸附能力，桉树木炭则难以对磷进行吸附处理。

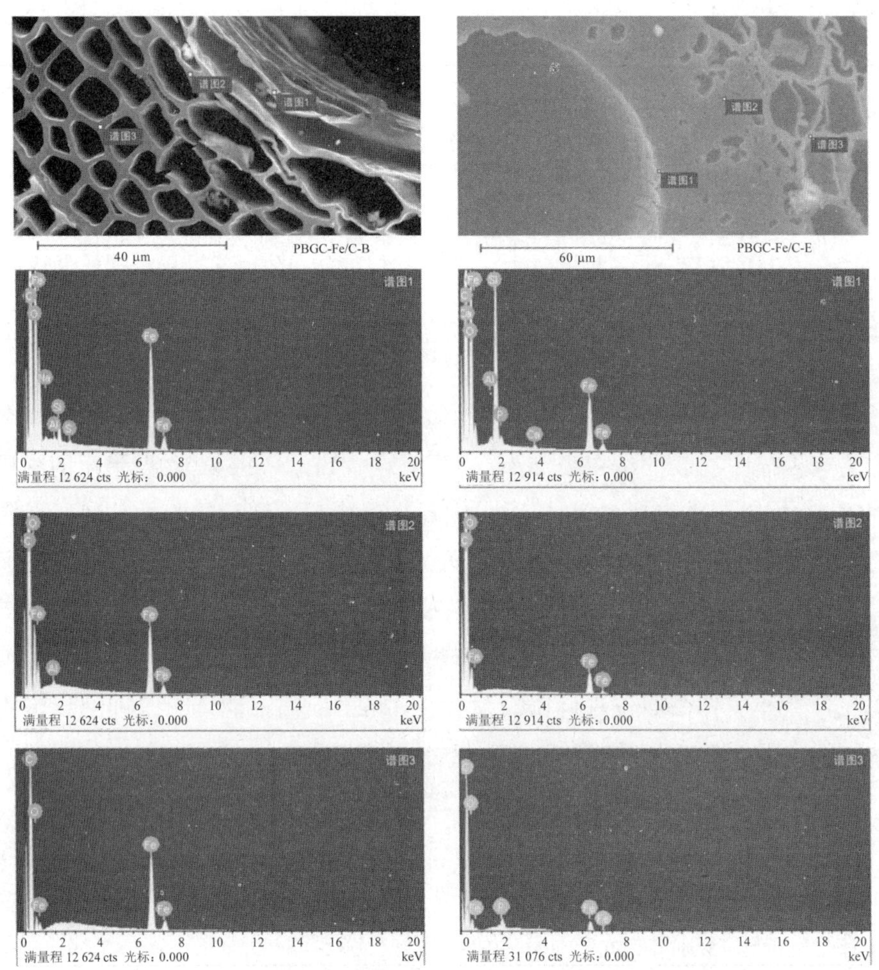

图 5.26　PBGC-Fe/C 吸附 P（Ⅴ）后的点扫描能谱

表 5.11　PBGC-Fe/C 吸附 P（Ⅴ）后的表面元素质量百分比　　单位：%

元素	PBGC-Fe/C-B			PBGC-Fe/C-E		
	图谱 1	图谱 2	图谱 3	图谱 1	图谱 2	图谱 3
C	65.37	76.72	69.76	48.7	74.92	74.09
O	26.85	15.73	8.03	38.23	19.18	19.47
Fe	7.25	7.45	22.21	7.07	5.91	5.62
P	0	0	0	0.3	0	0.82

注：PBGC-Fe/C-E 在吸附后的点扫描仍然发现有少量桉木自身存在的 Al 元素，谱图 1、谱图 2、谱图 3 位置的 Al 元素百分含量分别为 0.06%、0.10%和 0.00%。

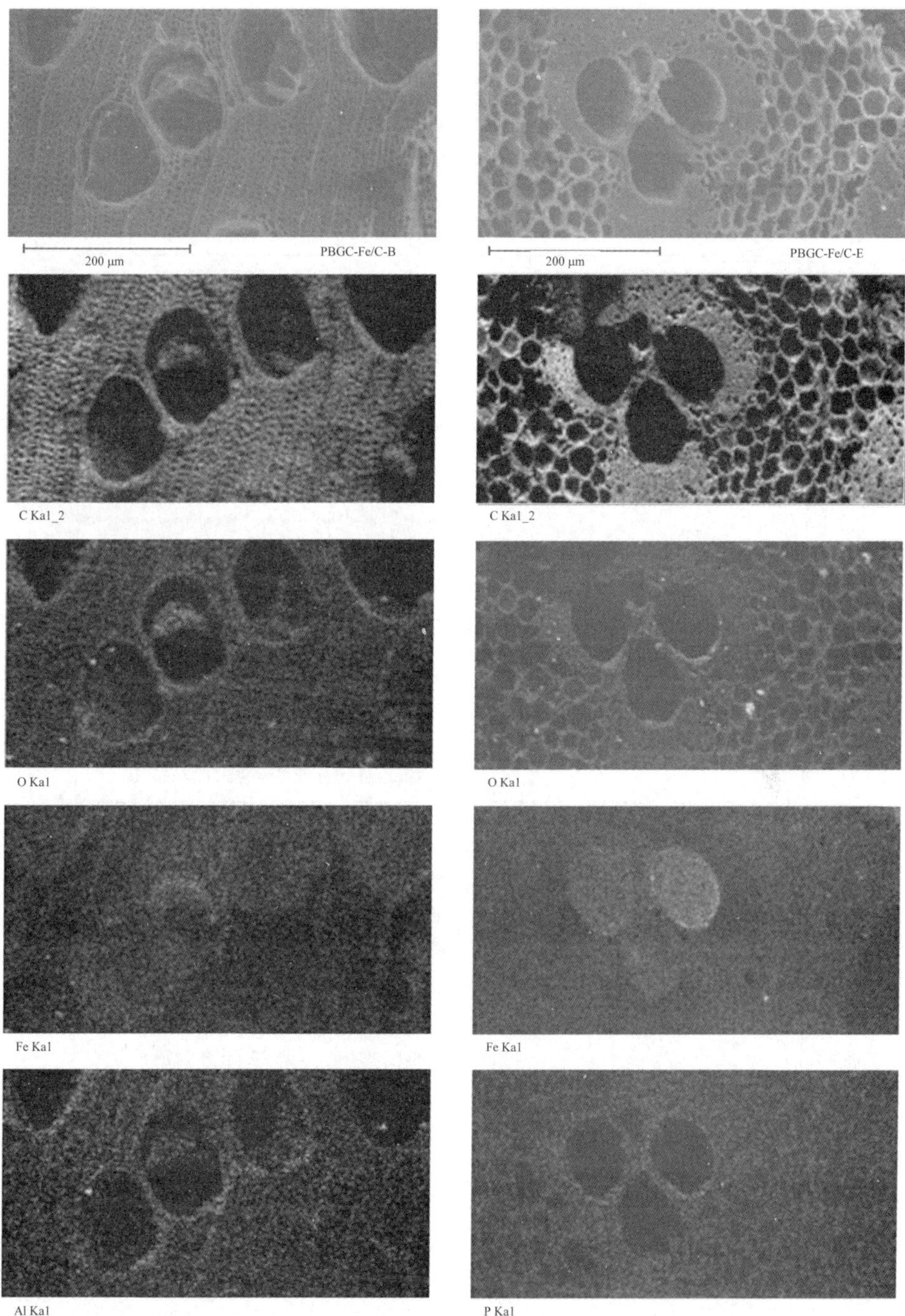

图 5.27　PBGC-Fe/C 吸附 P（Ⅴ）后的面扫描能谱

5.4.1.2 X 射线衍射

使用两种 PBGC-Fe/C 吸附剂分别饱和吸附 100 mg/L 含 Cr（Ⅵ）溶液、含 As（Ⅴ）溶液和 50 mg/L 的含 P（Ⅴ）溶液，后经过 XRD 表征进行对比分析，结果如图 5.28 所示。

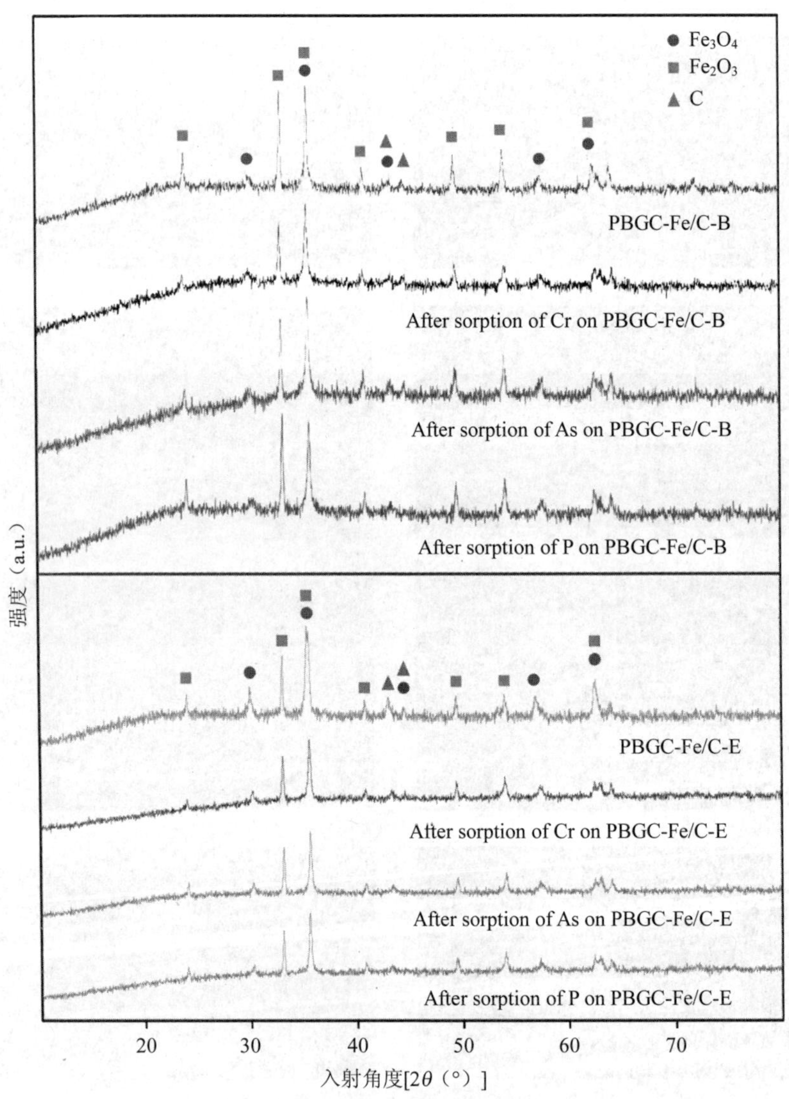

图 5.28 PBGC-Fe/C 吸附目标元素前后的 XRD 表征对比

由图 5.28 可知，对饱和吸附含 Cr（Ⅵ）溶液后材料的 X 射线衍射表征图中未发现明显的含铬化合物衍射峰，说明在吸附过程中该复合材料并未与铬形成化合物而附属于吸附材料上。吸附后材料的图谱衍射峰并未发现有明显的偏移，但 PBGC-Fe/C-B 吸附后表征显示 Fe_3O_4 和 Fe_2O_3 的主峰强度有所降低，经推测可能是由于物相中部分 Fe_3O_4 和 Fe_2O_3 溶于水发生水合反应，同时 Fe（Ⅱ）可能与溶液中 Cr（Ⅵ）发生氧化还原反应，将 Cr（Ⅵ）还原为 Cr（III）生成铁的水合离子造成铁组分的流失。而 PBGC-Fe/C-E 对铬的表征显示吸附前后的衍射峰的位置和强度都无明显变化，表明由于溶液中 Cr（Ⅵ）初始浓度较低，并未与 Fe（III）或 Fe（Ⅱ）形成明显的化合物。对吸附 100 mg/L As（Ⅴ）溶液后的 PBGC-Fe/C 的 XRD 分析可知，未发现明显的含砷化合物的衍射峰，说明在吸附过程中 PBGC-Fe/C 并未与砷形成化合物而附属于吸附材料上。PBGC-Fe/C-B 吸附后表征显示 Fe_3O_4 和 Fe_2O_3 的主峰强度有所降低，PBGC-Fe/C-E 吸附 As（Ⅴ）前后的衍射峰的位置无明显变化，然而 Fe_3O_4 的峰强度也有所降低，可能是因为吸附过程中 Fe（Ⅱ）参与反应被氧化为 Fe（III）的缘故。因此，可以推断两种 PBGC-Fe/C 材料对 Cr（Ⅵ）和 As（Ⅴ）的去除均主要是通过化学吸附作用实现。由饱和吸附水中 P（Ⅴ）材料的 X 射线衍射分析可知，PBGC-Fe/C-B 吸附后材料的图谱衍射峰并未发现有明显的偏移，但 Fe_3O_4 和 Fe_2O_3 的主峰强度却有所降低，PBGC-Fe/C-E 吸附 P（Ⅴ）前后的衍射峰的位置无明显变化，Fe_3O_4 的峰强度因 Fe（Ⅱ）被氧化为 Fe（III）而有所降低。经推测可能是由于 PBGC-Fe/C-B 物相中部分 Fe_3O_4 和 Fe_2O_3 溶于水发生水合反应，同时 Fe（Ⅱ）可能被氧化为 Fe（III）。

5.4.1.3　傅里叶变换红外光谱

使用两种 PBGC-Fe/C 吸附剂分别饱和吸附 100 mg/L 的含 Cr（Ⅵ）溶液、100 mg/L 的含 As（Ⅴ）溶液和 50 mg/L 含 P（Ⅴ）溶液，后用 FT-IR 进行表征对比分析（图 5.29）。

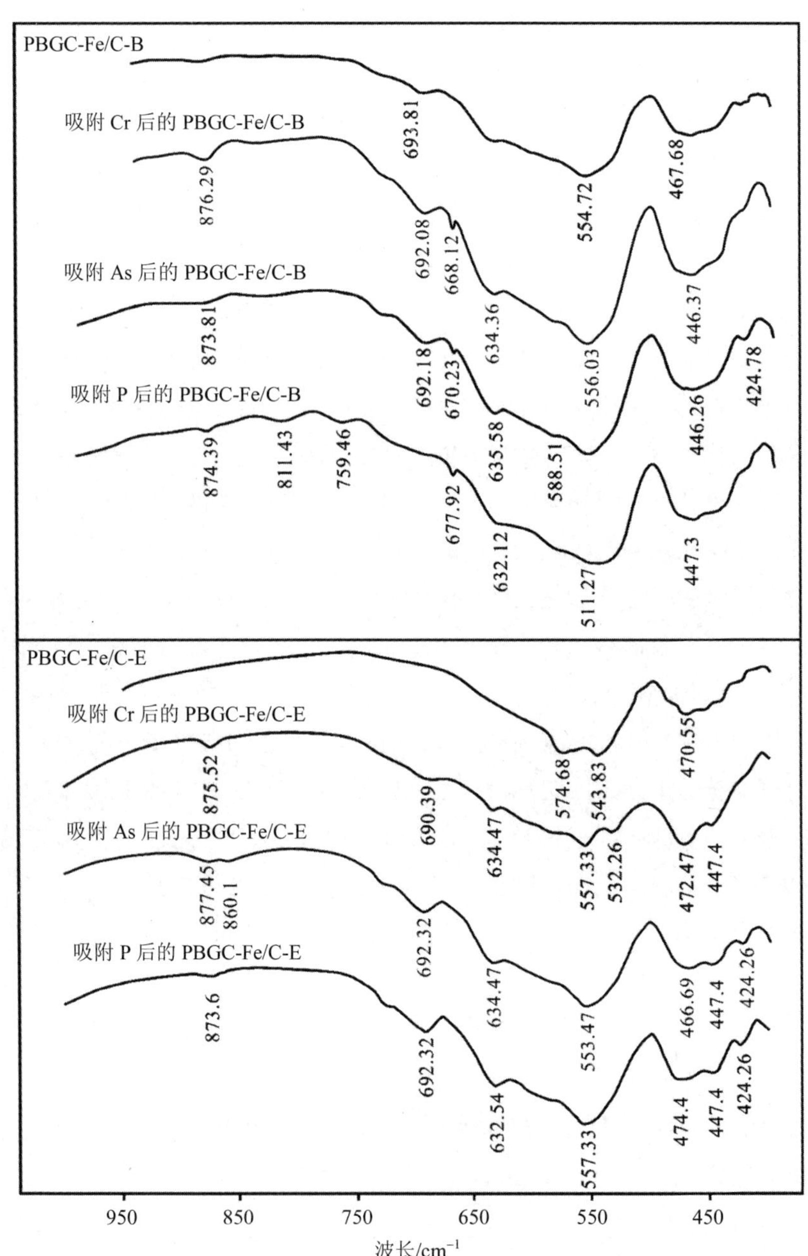

图 5.29 PBGC-Fe/C 吸附目标元素前后 FT-IR 表征对比

由图 5.29 分析可知，PBGC-Fe/C-B 吸附 Cr（Ⅵ）后在 876.29 cm^{-1} 出现 Cr（Ⅵ）的特征峰，PBGC-Fe/C-E 吸附 Cr（Ⅵ）后在 875.52 cm^{-1} 出现 Cr（Ⅵ）的特征峰，证实 PBGC-Fe/C 对 Cr（Ⅵ）的吸附作用。对比材料吸附 Cr（Ⅵ）前后的红外光谱图发现吸附后 Fe 特征峰的位置和强度有少许变化，吸附 Cr（Ⅵ）后 Fe 氧化物特征峰略微向低波数位置偏移，这可能是由于部分 Fe（Ⅱ）与 Cr（Ⅵ）发生氧化还原反应后变为 Fe（Ⅲ）造成的。

结合材料表征图分析，PBGC-Fe/C 饱和吸附砷前后的红外光谱图均在 3 444.24～3 457.74 cm^{-1} 处有吸附水的 O-H 伸缩振动吸收谱带，在 1 625.7～631.48 cm^{-1} 处有结合水的 H-O-H 的弯曲振动吸收谱带。在 1 000 cm^{-1} 以下指纹区，PBGC-Fe/C-B 吸附 As（Ⅴ）后在 873.81 cm^{-1} 处出现了 As-O 的伸缩振动峰，在 424.78 cm^{-1} 处出现由 O-As-O 弯曲振动引起的特征峰；PBGC-Fe/C-E 吸附 As（Ⅴ）后在特征峰区内的 860.1～877.45 cm^{-1} 内出现 As-O 伸缩振动峰；在 424.26 cm^{-1}，447.4～466.69 cm^{-1} 处出现 O-As-O 弯曲振动峰，证实 PBGC-Fe/C 对 As（Ⅴ）的吸附效果。Goldberg 等用红外光谱对方法对氧化铁吸附砷进行研究，结果表明，在 pH 为 5 的条件下吸附后无定形氧化铁于 824 cm^{-1} 和 861 cm^{-1} 处出现特征谱带，低波数的 824 cm^{-1} 谱带是 As-O-Fe 伸缩振动谱带，而稍高的波数 861 cm^{-1} 是没有表面络合的 As-O 伸缩振动谱带[141]。Kitahama 等研究认为，在微晶体结构的 $FeAsO_4 \cdot 2H_2O$ 分子中，四面体 AsO_4^{3-} 与 4 个八面体的 $FeO_4(OH_2)_2$ 在顶点连接，经过适当调整后 As-O 键的键长为 1.68×10^{-10} m，其对应的伸缩振动特征谱带是 838 cm^{-1}[169]。Jia 等研究报道了 pH 为 3 时砷在氢氧化铁表面形成了砷酸铁沉淀，红外光谱分析显示 As-O 的伸缩振动谱带约为 825 cm^{-1}[170]。另外，刘辉利等在研究氢氧化铁对砷的吸附与沉淀作用时，发现在 pH 为 3 和初始 As（Ⅴ）浓度在 50～500 mmol/L 时，吸附后的氢氧化铁表面有砷酸铁沉淀生成，微晶体结构的砷酸铁是表面砷形态的主要存在形式；当初始砷浓度为 500 mmol/L 时，吸附后的氢氧化铁在波数为 821.54 cm^{-1} 处出现特征谱带；而当初始砷浓度为 50 mmol/L 时，吸附后的氢氧化铁固体样品在波数为 806.11 cm^{-1} 处出现特征谱带，同时其谱带强度也明显地减弱。这表明吸附后氢氧化铁表面的砷酸铁含量在减少，酸性条件下砷在氢氧化铁表面的平均密度对表面砷存在的形态有影响[171]。PBGC-Fe/C 吸附 As（Ⅴ）后的在特征峰区内（860.1～877.45 cm^{-1}）出现 As-O 伸缩振动峰，而未在低波数的 824 cm^{-1} 谱带处出现 As-O-Fe 伸缩振动谱带，表明在本实验中，由于砷的初始浓度较低，PBGC-Fe/C 中的氧化铁主要参与水解反应，未在固体表面形成微晶体结构的砷酸铁或砷酸亚铁，这与 XRD 的分析结果一致。

饱和吸附 50 mg/L P（Ⅴ）溶液后的 PBGC-Fe/C-B 在 874.39 cm^{-1}、811.43 cm^{-1} 和 759.46 cm^{-1} 处出现磷的特征峰，饱和吸附 50 mg/L P（Ⅴ）溶液后的 PBGC-Fe/C-E 在特征峰区内出现的波数为 873.6 cm^{-1}、557.33 cm^{-1} 和 692.32 cm^{-1} 的峰为 O-P-O 弯曲振动；447.4～474.4 cm^{-1} 的峰为 P-O 反对称伸缩振动；说明 PBGC-Fe/C 对 P（Ⅴ）具有较强吸附作用；对比材料吸附 P（Ⅴ）前后的红外光谱图，发现在吸附 P（Ⅴ）后 Fe 特征峰略微向低波数位置偏移，这可能是由于部分 Fe（Ⅱ）的流失或价态的转换引起的。

5.4.2 PBGC-Fe/C 吸附前后的 XPS 形态表征分析

为了更好地表征 PBGC-Fe/C 吸附水环境中重金属铬、类金属砷及污染物磷过程中发生的化学反应，本研究对吸附后的 PBGC-Fe/C 固相表面进行了 XPS 表征[172]。烘干饱和吸附含 Cr（Ⅵ）（100 mg/L）、As（Ⅴ）（100 mg/L）及 P（Ⅴ）（50 mg/L）溶液前后的 PBGC-Fe/C 样品，进行 XPS 表征，分析 PBGC-Fe/C 表面目标元素的价态分布情况，对可能引起的化学反应过程进行研究（图 5.30 至图 5.35）。

由图 5.30 至图 5.35 可知，由于目标元素被吸附后是负载在 PBGC-Fe/C 基体表面的，因此得到的 XPS 表征图存在较大的信号噪声，故本研究采用 XPSPeak4.0 对数据进行分峰处理。对吸附目标元素后的材料表征图谱可以明显分离 Cr 2p 特征峰及 P 2p，而 As2p 与 O 1s 过于接近，未能成功分离，有研究表明 As 3 d 可成功与 O 分离[173]，故本研究参考前人对 As 3 d 的分离及分析[173]对实验获取的吸附前后材料进行全谱扫描，选取 C 1s、O 1s、Fe 2p、Fe 3p、Cr 2p、As 2p、As 3 d 及 P 2p 进行的 XPS 分谱扫描分析，以辅助 PBGC-Fe/C 对水中铬、砷、磷吸附的机理研究。

在 PBGC-Fe/C 的全谱扫描图中可以发现，未吸附前材料波峰主要由 C 峰（276～290 eV，C 1s）、O 峰（522～536 eV，O 1s）及 Fe 峰（700～735 eV Fe 2p，50～58 eV，Fe 3p）组成，吸附后样品的全谱扫描图也有 C 1s、O 1s、Fe 2p、Fe 3p、Cr 2p 和 As 3 d 特征峰的出现。

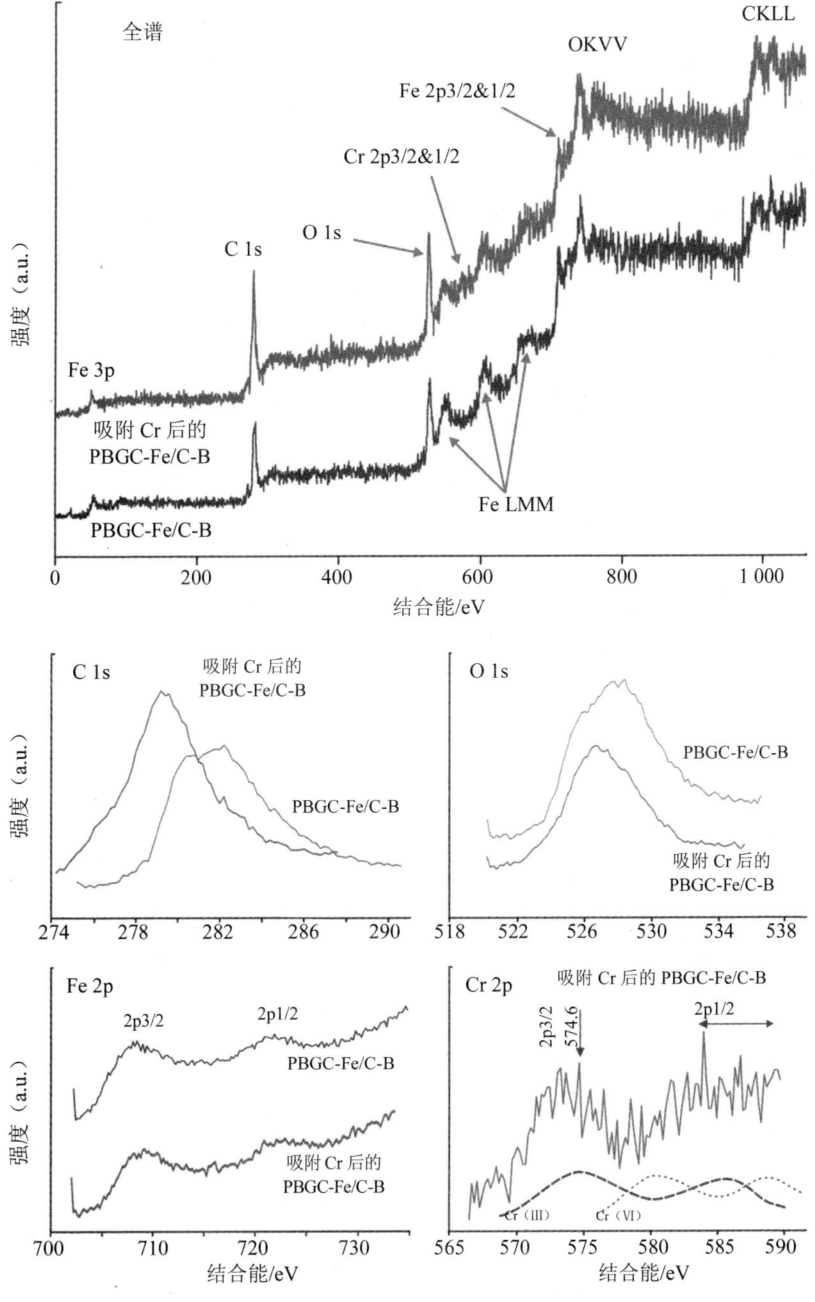

图 5.30　PBGC-Fe/C-B 吸附 Cr（Ⅵ）前后的 XPS 表征对比

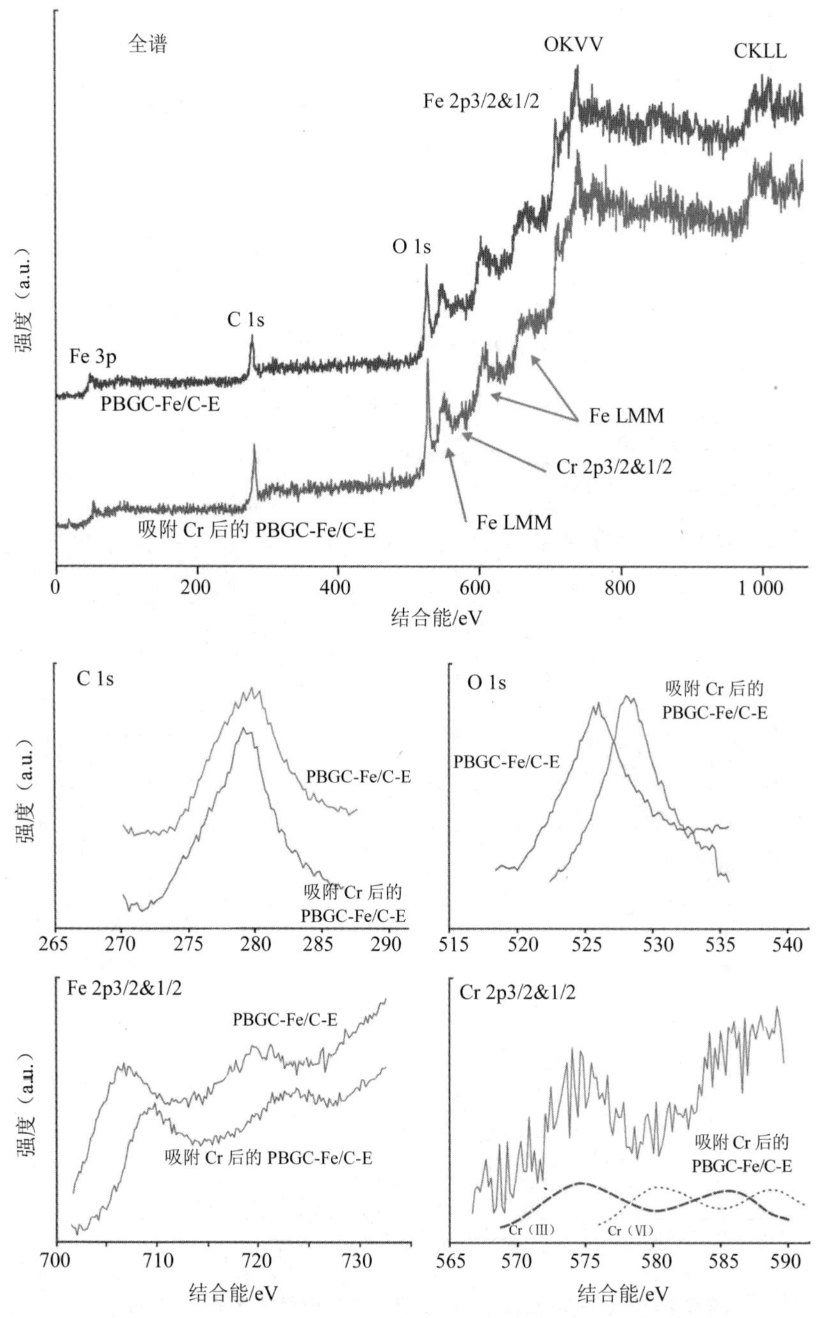

图 5.31 PBGC-Fe/C-E 吸附 Cr（Ⅵ）前后的 XPS 表征对比

在图 5.30 和图 5.31 的分谱扫描图中可以发现，饱和吸附 Cr（Ⅵ）后的 PBGC-Fe/C-B 在结合能为 574.6 eV 和 578.4 eV 处有两个 Cr 2p3/2 特征峰替代了原来的 Cr 2p 特征峰，饱和吸附 Cr（Ⅵ）后的 PBGC-Fe/C-E 在结合能 573.8eV 和 580.0eV 处同样地有两个 Cr 2p3/2 特征峰替代了原来的 Cr 2p 特征峰，新出现的特征峰结合能位置分别与 Cr（Ⅵ）和 Cr（III）非常接近。

元素自身的结合能强度可以表征其存在的化学形态，C 峰的结合能强度显示，C 主要以 C=O 官能团的形式存在[174]。图中 PBGC-Fe/C 的 C 分谱表征图表明，PBGC-Fe/C-B 饱和吸附 Cr 前后样品 C1s 特征峰分别出现在 282.2 eV 和 279.2 eV，PBGC-Fe/C-E 饱和吸附 Cr 前后的样品 C1s 特征峰分别出现在 279.8 eV 和 281.2 eV，负偏移量为 3 eV 和 2.6 eV，表明 PBGC-Fe/C 的 C=O 官能团可以吸附水环境中 Cr 元素，且在吸附过程中，C 的价态可能发生了变化，提供电子进入反应系统帮助氧化还原反应的进行，但不能证明 PBGC-Fe/C 中的 C=O 官能团是否提供电子参与化学反应，可以认为，部分 C 提供电子服务氧化还原反应，而 PBGC-Fe/C 自身基质 C 对 Cr 元素发生了物理吸附。

O 1s 分谱发生的移位和强度变化可由式（5.21）表示。

$$Q = -4.372 + \{[385.023 - 8.976 \times (545.509 - E_B)^{1/2}]\}/4.488 \qquad (5.21)$$

式中，Q 为氧的平均负荷电荷数，esu；E_B 为实验获得的结合能强度，eV。

分析分谱图可知，在对 Cr（Ⅵ）的吸附过程中，PBGC-Fe/C-B 的 O 1s 的结合能由吸附前的 528.4 eV 降低至吸附后的 526.8 eV，氧的平均负荷电荷数由 −0.982 esu 降低为−1.089 esu。PBGC-Fe/C-E 的 O 1s 的结合能由吸附前的 526 eV 增强至吸附后的 528 eV，氧的平均负荷电荷数也由−1.144 esu 变化为−1.009 esu。

图 5.30 和图 5.31 的 O 1s 分谱中 526 eV 和 528 eV 之间存在的特征峰为 pH 为 2 时的 Fe-O 特征峰，即 Fe-O 官能团不仅能吸附水环境中的目标元素，还可以提供电子完成目标元素的氧化还原反应。Fe 2p3/2 和 Fe 2p1/2 的分谱图中可以看出，PBGC-Fe/C 吸附前后的结合能发生了变化，据报道，针铁矿等 Fe_2O_3 中 Fe（III）的 Fe 2p XPS 表征主峰范围是 708.2～711.3 eV[175]，Fe 2p3/2 特征峰结合能范围是 706.8～709.8 eV，Fe2p1/2 特征峰结合能范围为 721.2～723.8 eV。因此，吸附之前 PBGC-Fe/C-B 结合能为 708.4 eV 处的特征峰及 PBGC-Fe/C-E 结合能为 706.8 eV

处的特征峰均可认为属于 Fe 2p3/2 范畴，PBGC-Fe/C-B 结合能为 721.8 eV 处的特征峰及 PBGC-Fe/C-E 结合能为 717.8 eV 处的特征峰等均可认为属于 Fe 2p1/2 范畴。

Fe 2p 的电荷与该能级的结合能关系可用下式表示[173]：

$$Q = 0.323\,3\,X - 228.51 \tag{5.22}$$

式中：Q 为对应 Fe 2p 能级的平均负荷电荷数，esu；X 为实验获得的对应 Fe 2p 结合能强度，eV。

计算图谱所示数据可知，在对 Cr(Ⅵ)的吸附过程中，PBGC-Fe/C-B 的 Fe 2p3/2 轨道的结合能未发生明显变化，Fe 2p1/2 轨道的结合能由吸附前的 720.8 eV 升高至吸附后的 722 eV，其表面电荷由 4.52 esu 升高到 4.91 esu。PBGC-Fe/C-E 的 Fe 2p3/2 轨道的结合能由吸附前的 706.8 eV 升高至吸附后的 709.8 eV，其表面电荷由 0 esu 升高为 0.97 esu。Fe 2p1/2 轨道的结合能由吸附前的 719.4 eV 升高至吸附后的 723.8 eV，其表面电荷由 4.07 esu 升高为 5.49 esu；表示 PBGC-Fe/C 在 Cr(Ⅵ)的吸附过程中，铁原子向反应体系提供了电子，起到了 Lewis 碱作用，PBGC-Fe/C-B 反应体系中，Fe 2p3/2 轨道没有明显电子跃迁。

PBGC-Fe/C 的表面 Fe（III）为优势离子，认为 Cr（III）可以提供电子，将在材料表面的 Fe（Ⅱ）氧化为 Fe（III），Fe（Ⅱ）的内层电子结合能在不断上升，表现出强烈的失电子而带正电的趋势，使得 Fe（Ⅱ）容易从吸附剂的内层向外层移动，形成富集 Fe（Ⅱ）的优势电子层，因而 Fe（Ⅱ）=O 是 Cr（Ⅵ）被还原为 Cr（III）的主要动力电子基团。

由于 Cr（Ⅵ）吸附电子能力远比 Cr（III）强[176]，研究认为 PBGC-Fe/C 吸附 Cr（Ⅵ）过程中，CrO_4^{2-}的还原特性发挥了一定作用。另外，PBGC-Fe/C 表面离子 Fe（Ⅱ）的存在进一步提高了在材料表面发生氧化还原反应的概率。由 Cr 2p 分谱图可以看出，Cr（III）2p3/2 特征峰的结合能强度明显高于 Cr（Ⅵ）2p3/2 特征峰，认为饱和吸附 Cr（Ⅵ）后的 PBGC-Fe/C 表面元素中，Cr（III）和 Fe（Ⅱ）是优势离子种类。溶液中还存在部分以不同的形式存在的 Cr（Ⅵ），如 $Cr_2O_7^{2-}$、CrO_4^{2-}和 $HCrO_4^-$等，而在强酸性条件下，Cr（Ⅵ）主要以 $Cr_2O_7^{2-}$和 $HCrO_4^-$形式存在[177–179]。PBGC-Fe/C 因其具有植物遗态微孔结构而在溶液中拥有较强的吸附能力。当溶液呈酸性时，部分 Cr（Ⅵ）被牢固地吸附在 PBGC-Fe/C 的孔隙中。在强酸性条件下，氧化铁主要以 $Fe(OH)_2^+$形式存在，因此 $Cr_2O_7^{2-}$和 $HCrO_4^-$由于静电引力被吸附到带正电的氧化铁表面。吸附过程中氧化铁中溶解出的 Fe（Ⅱ）将剧毒的 Cr（Ⅵ）还原成毒性极微的 Cr（Ⅲ），从而降低 Cr（Ⅵ）的浓度[180]。详细过程反应为：

$$HCrO_4^-+3H^++3Fe^{2+} = Cr(OH)^{2+} +3Fe^{3+} +3OH^- \tag{5.23}$$

$$HCrO_4^-+3H^++3Fe^{2+} = Cr(OH)_2^+ + 3Fe^{3+} +2OH^- \tag{5.24}$$

$$Cr_2O_7^{2-}+7H^++6Fe^{2+} = 2Cr(OH)^{2+} + 6Fe^{3+} +5OH^- \tag{5.25}$$

$$Cr_2O_7^{2-}+7H^++6Fe^{2+} = 2Cr(OH)_2^+ + 6Fe^{3+} +3OH^- \tag{5.26}$$

在 Cr 2p 分谱图中，仍然发现有 Cr（Ⅵ）2p3/2 特征峰的出现，说明 Cr（Ⅵ）在饱和吸附后的 PBGC-Fe/C 表面是过饱和的，在碱性环境下，部分 Cr（Ⅲ）被氧化为 Cr（Ⅵ）。但是由 Cr（Ⅵ）2p3/2 的结合能可知，还原反应是主导反应过程，Cr（Ⅵ）浓度在不断降低，在固相表面属于非主流元素。结合吸附后溶液目标组分存在状态及 XRD、FT-IR 分析结果表明，滤后剩余溶液中还有 Cr（Ⅲ）的存在，说明 PBGC-Fe/C 吸附后，Cr（Ⅵ）被还原为 Cr（Ⅲ）的过程是在固相表面进行，且主流元素 Cr（Ⅲ）被牢固地吸附在材料表面。详细反应过程为：

$$Cr^{6+}+3Fe^{2+} = Cr^{3+}+3Fe^{3+} \tag{5.27}$$

另外，PBGC-Fe/C 各分谱扫描图显示，饱和吸附 Cr（Ⅵ）后的 PBGC-Fe/C-E 的 Fe 2p3/2，Fe 2p1/2 及 O 1s 特征峰结合能强度均明显高于未吸附的，PBGC-Fe/C-B 吸附 Cr（Ⅵ）后 O 1s 特征峰发生负偏移，而 Fe 2p3/2 和 Fe 2p1/2 结合能强度无明显变化。Fe2p1/2 结合能的升高表明材料表面的 Cr（Ⅲ）活性位被 Fe（Ⅲ）所取代[181,182]。Fe（Ⅲ）和 Cr（Ⅲ）的离子半径极其接近，分别是 0.067 nm 和 0.065 nm，且两种离子交换的可行性为热力学研究所证实[181,182]，因此，研究认为在材料表面以 $Cr(OH)_2^+$和 $Cr(OH)^{2+}$等离子形态存在的 Cr（Ⅲ）被 Fe 的羟基配位体离子交换而进入溶液。

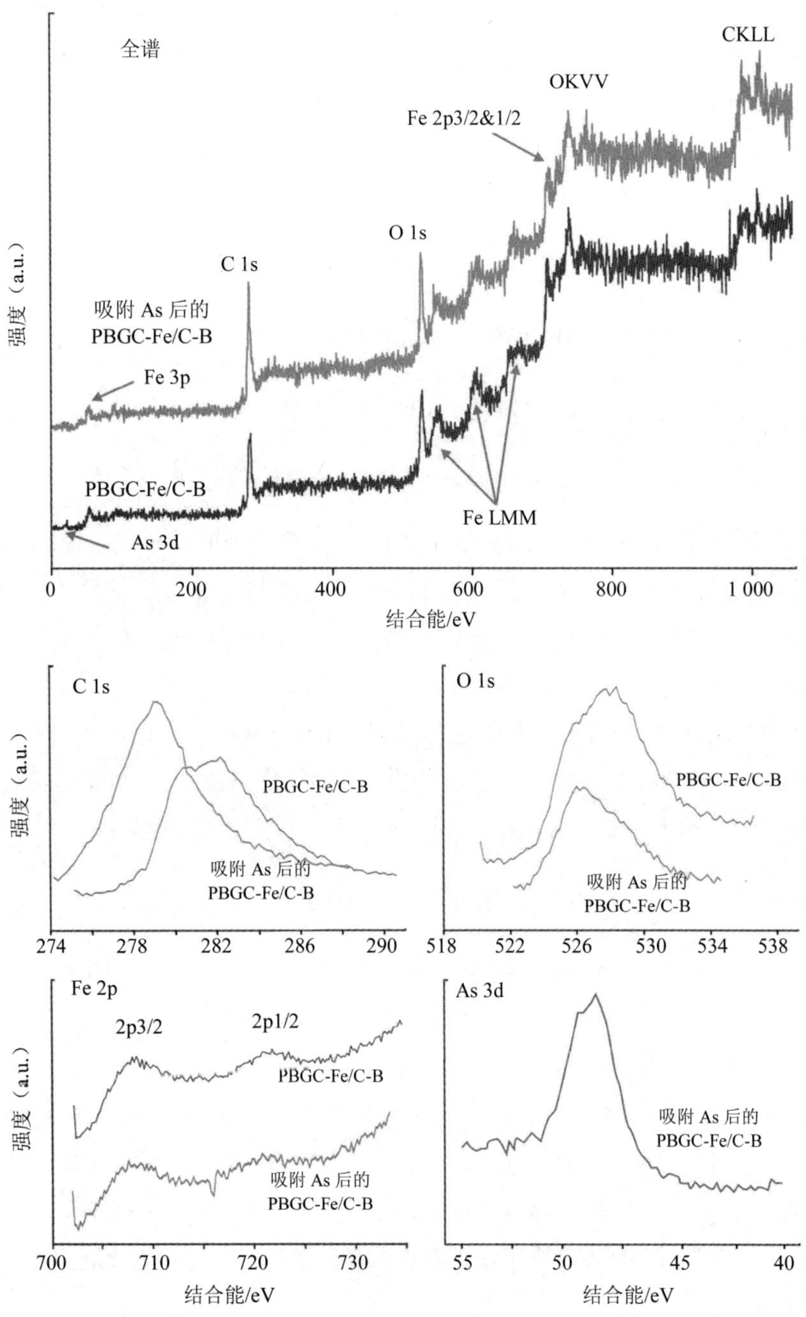

图 5.32　PBGC-Fe/C-B 吸附 As（Ⅴ）前后的 XPS 表征对比

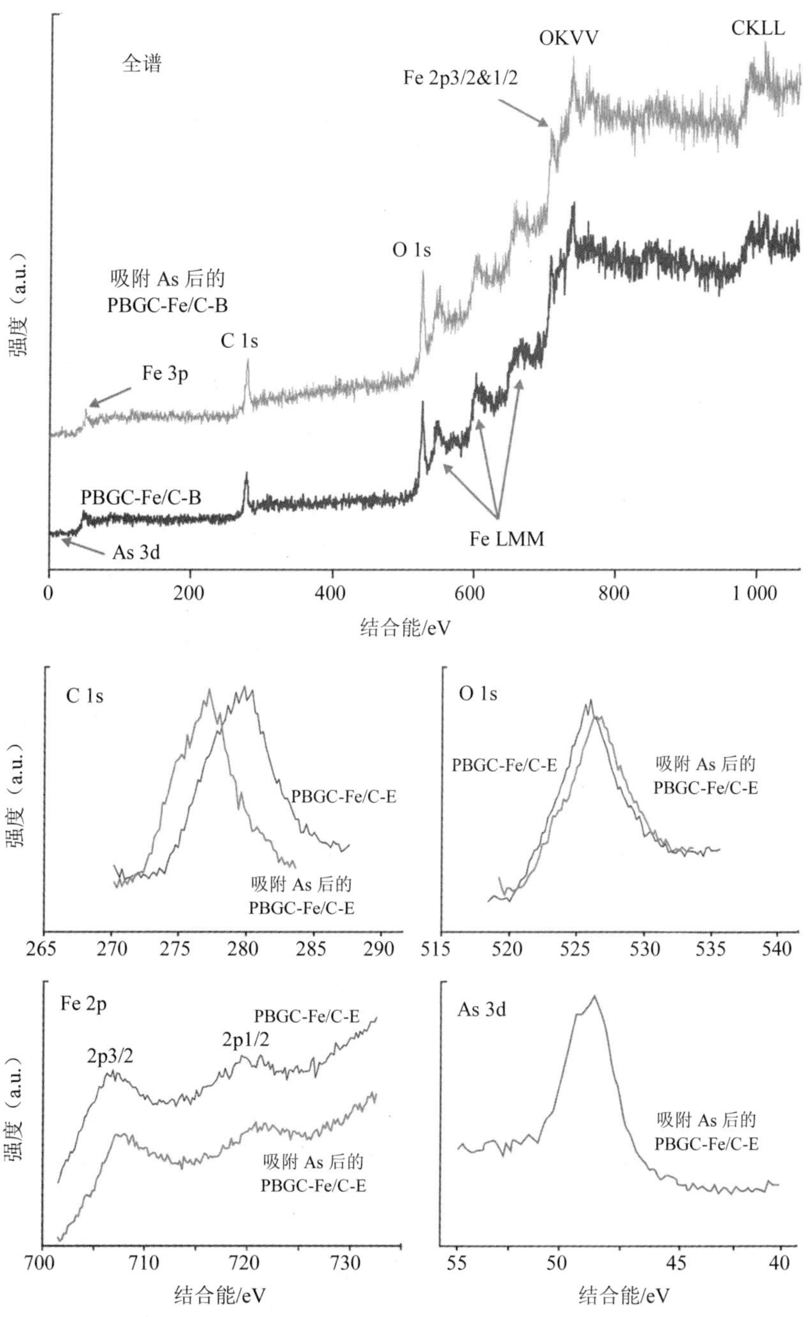

图 5.33　PBGC-Fe/C-E 吸附 As（Ⅴ）前后的 XPS 表征对比

由图 5.32 和图 5.33 可知，对饱和吸附 As（Ⅵ）后材料进行 XPS 分谱扫描表征，结果表明，PBGC-Fe/C 的 C 1s 和 O 1s 均发生了负偏移，但是 Fe 2p3/2 和 Fe 2p1/2 特征峰未发生明显偏移。可以推测，C=O 官能团对吸附水环境中的 As（Ⅴ）有一定的贡献，材料表面 Fe 的氧化物及自身单质碳对目标元素的物理吸附起着重要作用。在化学吸附过程中，PBGC-Fe/C 的表面 Fe（Ⅲ）为优势离子，可以认为 C=O 官能团可以提供电子将材料表面的 Fe（Ⅲ）还原为 Fe（Ⅱ），Fe（Ⅲ）强烈的失电子动力使 Fe（Ⅲ）从吸附剂的内层向外层移动，形成 Fe（Ⅲ）=O 富集层，As（Ⅴ）的 H_3AsO_4、$H_2AsO_4^-$和 $HAsO_4^{2-}$ 3 种形态离子与 PBGC-Fe/C 自身含有的 Fe（Ⅲ）=O 的耦合离子发生了电子迁移；O 1s 分谱吸附前后发生偏移表明了在材料表面发生的氧化还原反应可能在 Fe 的氧化物和目标离子之间发生。

由 C 分谱分析可知，PBGC-Fe/C-B 吸附 As（Ⅴ）前后样品 C1s 特征峰分别出现在 282.2 eV 和 279.2 eV，PBGC-Fe/C-E 饱和吸附 As（Ⅴ）前后的样品 C1s 特征峰出现在 279.8 eV 和 279.2 eV 处，负偏移量为 3 eV 和 0.6 eV，表明 PBGC-Fe/C 的 C=O 官能团可以吸附水环境中 As（Ⅴ），且在吸附过程中，C 的价态可能发生了变化，提供电子进入反应系统帮助氧化还原反应的进行，PBGC-Fe/C-E 中电子偏移量不足 1 eV，可能由于 PBGC-Fe/C-E 材料模板自身带有的微量元素电子转移造成。

根据式（5.2）计算结果可知，在对 As（Ⅴ）的吸附过程中，PBGC-Fe/C-B 的 O 1s 的结合能由吸附前的 528.4 eV 降低至吸附后的 526 eV，氧的平均负荷电荷数由–0.982 esu 降低为–1.144 esu。PBGC-Fe/C-E 的 O 1s 的结合能由吸附前的 526 eV 增强至吸附后的 526.4 eV，氧的平均负荷电荷数也由–1.144 esu 变化为–1.116 esu。

根据式（5.3）计算结果可知，在对 As（Ⅴ）的吸附过程中，PBGC-Fe/C-B 中 Fe 2p3/2 轨道的结合能 708.4 eV 降低到吸附后的 706.8 eV，其表面电荷由 0.52 esu 降低为 0 esu。Fe 2p1/2 轨道的结合能由吸附前的 721.8 eV 降低至吸附后的 720.0 eV，其表面电荷由 4.85 esu 降低为 4.27 esu。PBGC-Fe/C-E 中 Fe 2p3/2 轨道的结合能由吸附前的 706.8 eV 升高至吸附后的 707.8 eV，其表面电荷由 0 esu 升高为 0.32 esu。Fe 2p1/2 轨道的结合能由吸附前的 719.4 eV 升高至吸附后的 720.8 eV，其表面电荷由 4.07 esu 升高为 4.52 esu。表示 PBGC-Fe/C-B 在对 As（Ⅴ）的吸附过程中，Fe 的价态变化很小，但是其 Fe 原子从外部接收了电子，外层电子密度有所增加，起到了 Lewis 酸的作用。但 PBGC-Fe/C-E 起到 Lewis 碱作用，铁原子向反应体系提供了电子。

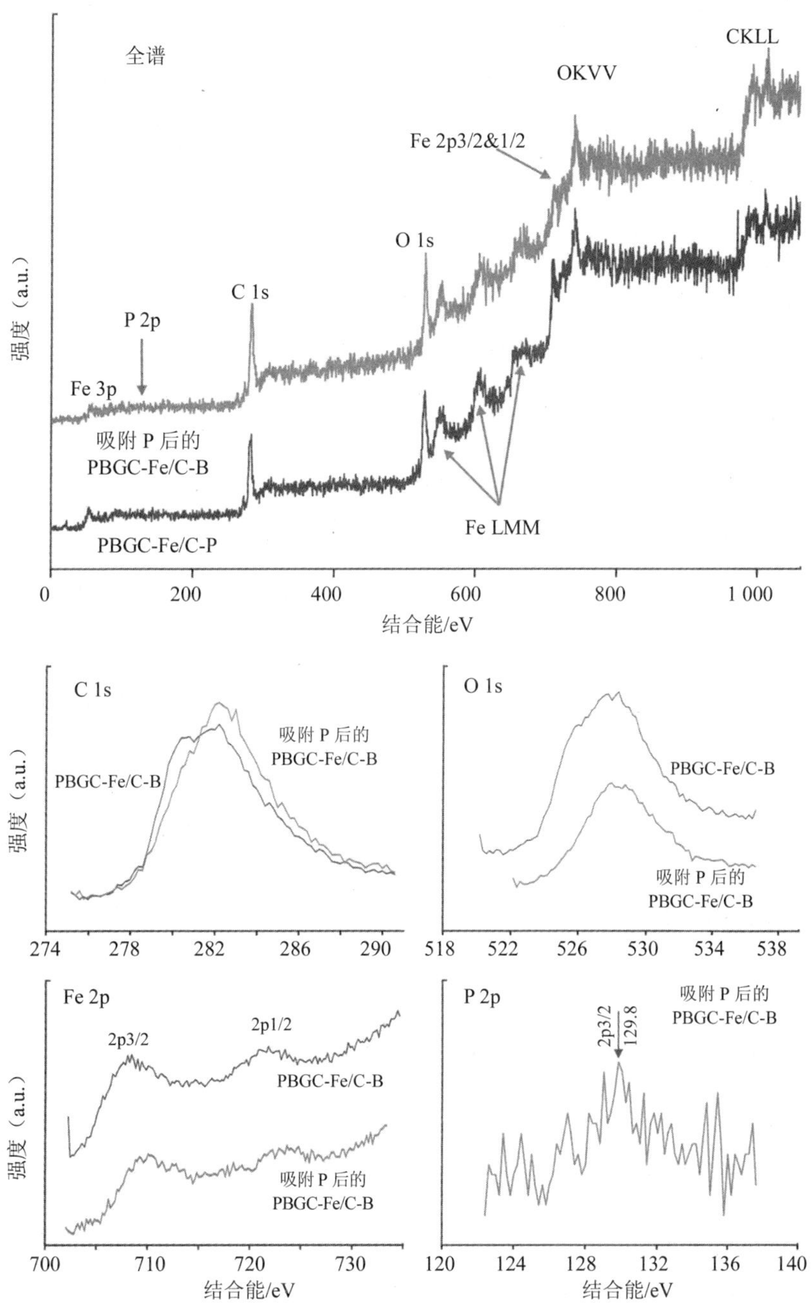

图 5.34　PBGC-Fe/C-B 吸附目标元素 P（Ⅴ）前后 XPS 表征对比

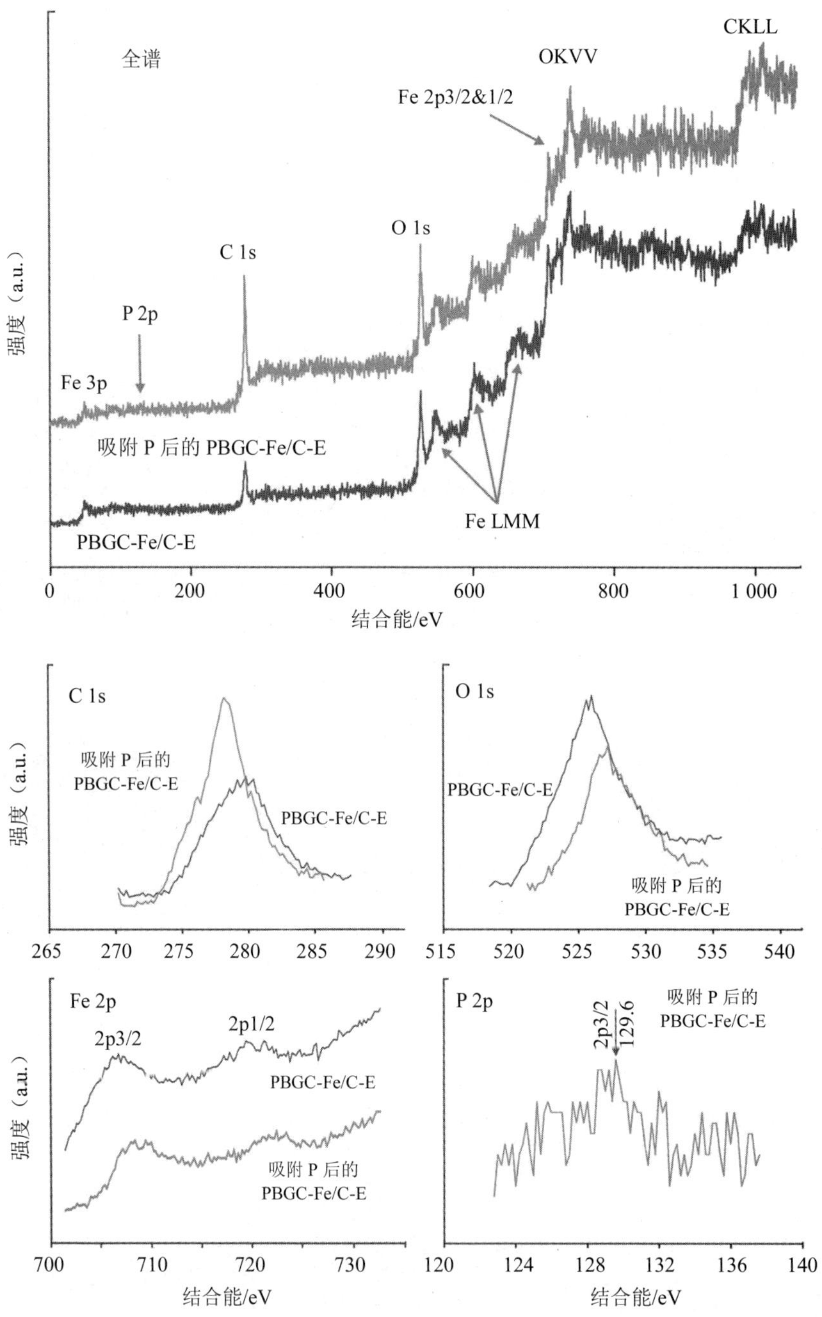

图 5.35 PBGC-Fe/C-E 吸附目标元素 P（Ⅴ）前后 XPS 表征对比

可以证明，在 pH＜2 的溶液中，在吸附剂表面的 Fe（Ⅱ）可部分被氧化为 Fe（Ⅲ），且从吸附剂的内层向外层移动而进入溶液，生成 $Fe(OH)_3$，进而发生砷酸铁沉淀产生的化学反应。目前研究认为，静电吸附、表面络合[183]和配位交换的共同作用是含铁复合材料吸附剂高效吸附砷的原因[184]。无论是静电吸附过程、离子交换过程还是配位络合过程中，砷都以阴离子形式存在。因此，吸附剂带正电时对吸附最为有利，溶液的 pH 不仅会使砷的存在组分形态发生变化，还会影响吸附剂与砷离子之间的静电吸引力。当 pH 处于 1.03～5.35 时，水中的 As（Ⅴ）主要以 H_3AsO_4、$H_2AsO_4^-$和 $A_SO_4^{3-}$形态存在，能与铁离子形成的 FeOOH 羟基氧化铁生成微量的沉淀物[185]，并且溶液中铁离子水解生成的 $Fe(OH)_3$ 能够发生絮凝作用，使部分砷得以去除。结合静电吸附理论，溶液中的吸附剂在不同 pH 下所呈现出的电负性不同，研究表明，磁铁矿的纳米颗粒 pH_{PZC} 为 5.9，pH 为 6.8 时，其表面还可以拥有正电荷，而 pH 在 6.8～9.5 范围内，表面呈现出电负性[142,186]。经测定 PBGC-Fe/C 的零电点 pH_{PZC} 在 3 左右，当 pH＜3 时，其表面带正电，pH＞3 时则带负电，所以酸性条件对吸附较为有利。

同时，在 pH 低于 3 时，PBGC-Fe/C 表面带正电荷，对溶液中 As（Ⅴ）的主要组分（H_3AsO_4、$H_2AsO_4^-$和 $HAsO_4^{2-}$）有较强的吸附作用。在酸性条件下，氧化铁主要以 $Fe(OH)_2^+$和 $Fe(OH)^{2+}$形式存在，砷的阴离子（$H_2AsO_4^-$和 $HAsO_4^{2-}$）由于静电引力被吸附到带正电的氧化铁表面发生络合反应[141]：

$$Fe(OH)_2^+ + H_2AsO_4^- + 2H^+ = FeH_2AsO_4^{2+} + 2H_2O \tag{5.28}$$

$$Fe(OH)_2^+ + H^+ = Fe(OH)^{2+} + H_2O \tag{5.29}$$

$$Fe(OH)^{2+} + HAsO_4^{2-} = FeAsO_4 + H_2O \tag{5.30}$$

随着 pH 的升高而带正电荷的复合材料逐渐呈负电性，对以阴离子形态存在的砷（$HAsO_4^{2-}$和 $H_2AsO_4^-$）静电排斥力增加，不利于对砷的吸附[157,187]。但是仍然存在微量的表层配位络合反应，与生成的 $Fe(OH)_3$ 共沉淀：

$$Fe(OH)^{2+} + HAsO_4^{2-} = FeAsO_4 + H_2O \tag{5.30}$$

$$Fe(OH)^{2+} + H_2AsO_4^- + OH^- = FeAsO_4 + 2H_2O \tag{5.31}$$

$$Fe(OH)^{2+} + H_2O = Fe(OH)_2^+ + H^+ \tag{5.32}$$

$$Fe^{3+} + 2H_2O = Fe(OH)_2^+ + 2H^+ \tag{5.33}$$

$$Fe(OH)_2^+ + OH^- = Fe(OH)_3 \tag{5.34}$$

显然，PBGC-Fe/C 对 As 的化学吸附主要是通过表层配位络合[188]和化学键（氢键）完成的，而这种作用在碱性环境下效果明显低于静电力吸附作用，中性偏酸的水环境中更有利于 PBGC-Fe/C 对 As（Ⅴ）的吸附[189]。

饱和吸附 P(Ⅴ)后的 PBGC-Fe/C-B 和 PBGC-Fe/C-E 分别在结合能为 129.6 eV 和 129.8 eV 处出现特征峰，新出现的特征峰结合能与 P（Ⅴ）非常接近。

PBGC-Fe/C-B 吸附 P（Ⅴ）前后样品的 C 1s 特征峰分别出现在 282.2 eV 和 283 eV；PBGC-Fe/C-E 饱和吸附 P（Ⅴ）前后的样品 C 1s 特征峰出现在 279.8 eV 和 280.2eV。可以看出，吸附磷后 PBGC-Fe/C 的 C 1s 特征峰都发生了正偏移，偏移量均很小，为 0.8 eV 和 0.4 eV。因此，PBGC-Fe/C 的 C=O 官能团对系统反应提供电子帮助的概率很小，PBGC-Fe/C 自身基质 C 对目标组分的作用主要表现为物理吸附。

根据式(5.2)计算结果可知，在对 P(Ⅴ)的吸附过程中，吸附后 PBGC-Fe/C-B 的 O 1s 结合能变化不大，为 528 eV，氧的平均负荷电荷数相应降低为−1.009 esu。PBGC-Fe/C-E 的 O 1s 结合能则增强至 527.2 eV，氧的平均负荷电荷数相应增加为−1.062 esu。O 1s 特征峰的偏移及氧的平均负荷电荷数的变化说明了 O 1s 的内部电子结构可能发生了一定的变化。

根据式（5.3）计算结果可知，在对 P（Ⅴ）的吸附过程中，PBGC-Fe/C-B 的 Fe 2p3/2 轨道的结合能由 708.4 eV 升高到吸附后的 709.4 eV，其表面电荷由 0.52 esu 升高为 0.84 esu。Fe 2p1/2 轨道的结合能由吸附前的 721.8 eV 升高至吸附后的 722.8 eV，其表面电荷由 4.85 esu 升高到 5.17 esu。PBGC-Fe/C-E 的 Fe 2p3/2 轨道结合能由吸附前的 706.8 eV 升高至吸附后的 709.4 eV，其表面电荷由 0 esu 升高为 0.84 esu。Fe 2p1/2 轨道的结合能由吸附前的 719.4 eV 升高至吸附后的 722.4 eV，其表面电荷由 4.07 esu 升高为 5.04 esu。可以看出，PBGC-Fe/C 在对 P（Ⅴ）的吸附过程中价态变化大于 1 个电子，可能存在铁的羟基耦合离子在吸附化学反应体系中起到 Lewis 碱作用，向系统提供了电子。

对饱和吸附 P（Ⅴ）后材料的 XPS 分谱图进行分析可知，PBGC-Fe/C 的 O 1s 发生正偏移的时候，Fe 2p3/2 和 Fe 2p1/2 特征峰也发生小幅度的正偏移。可以推测，C=O 官能团对吸附水环境中的 P（Ⅴ）有着积极的贡献，材料表面的 Fe 氧化物以及自身单质碳对目标元素的物理吸附起着重要作用。在化学吸附过程中，

P（V）各种形态离子与 PBGC-Fe/C 自身含有的 Fe 羟基耦合离子或者 H^+发生了电子迁移；O 1s 发生正偏移表明了在材料表面发生的氧化还原反应可能在 Fe 的氧化物和目标离子之间发生。在 pH<3 的情况下，P（V）主要组分形态为 H_3PO_4、$H_2PO_4^-$和 HPO_4^{2-}，阴离子被表面带正电的吸附剂 PBGC-Fe/C 牢固地吸附在孔隙中，在 PBGC-Fe/C 表面发生了化学反应，生成 $FePO_4$ 和 $FePO_4H_2^{2+}$等物质，具体反应如下：

$$Fe(OH)_2^+ + H_2PO_4^- + 2H^+ = FeH_2PO_4^{2+} + 2H_2O \tag{5.35}$$

$$Fe(OH)_2^+ + H^+ = Fe(OH)^{2+} \tag{5.36}$$

$$Fe(OH)^{2+} + HPO_4^{2-} = FePO_4 + H_2O \tag{5.37}$$

随着 pH 的升高，原来带正电荷的复合材料逐渐呈负电性，结合图 5.21 分析可知，在碱性环境下，P（V）主要以 $H_2PO_4^-$和 HPO_4^{2-}两种形态存在，材料对以阴离子形态存在的磷静电排斥力增加，不利于吸附，但仍可发生如下微量反应：

$$Fe(OH)^{2+} + HPO_4^{2-} = FePO_4 + H_2O \tag{5.37}$$

$$Fe(OH)^{2+} + H_2PO_4^- + OH^- = FePO_4 + 2H_2O \tag{5.38}$$

$$Fe(OH)^{2+} + H_2O = Fe(OH)_2^+ + H^+ \tag{5.39}$$

$$Fe^{3+} + 2H_2O = Fe(OH)_2^+ + 2H^+ \tag{5.40}$$

$$Fe(OH)_2^+ + OH^- = Fe(OH)_3 \tag{5.41}$$

在反应过程中，生成的氢氧化物、磷酸盐在固相表面组成了保护层，因此在碱性环境下反应进行较为缓慢。同时，在材料上吸附的 $H_2PO_4^-$和 HPO_4^{2-}等离子形态容易为系统中的 Fe（III）的耦合离子所交换，重新进入水体。

5.5 吸附历程分析

根据 PBGC-Fe/C 对水中铬、砷、磷吸附过程影响研究以及 PBGC-Fe/C 对水中铬、砷、磷吸附机理研究结果，将 PBGC-Fe/C 对水中铬、砷、磷吸附历程用图 5.36 至图 5.38 表示。

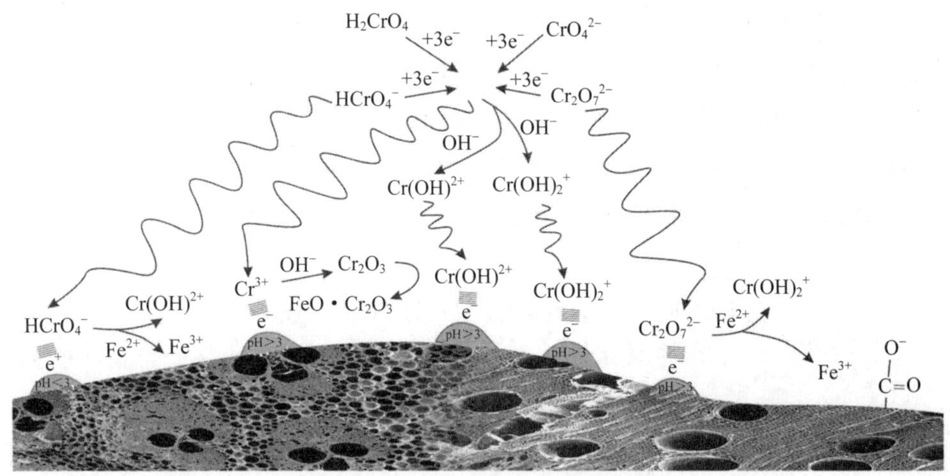

图 5.36 PBGC-Fe/C 吸附水中铬的历程

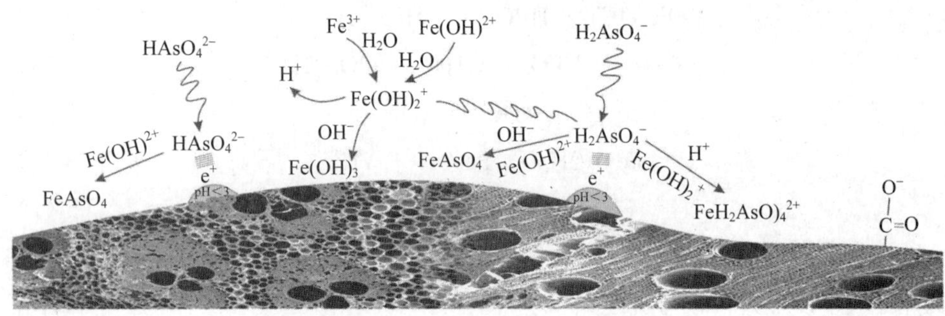

图 5.37 PBGC-Fe/C 吸附水中砷的历程

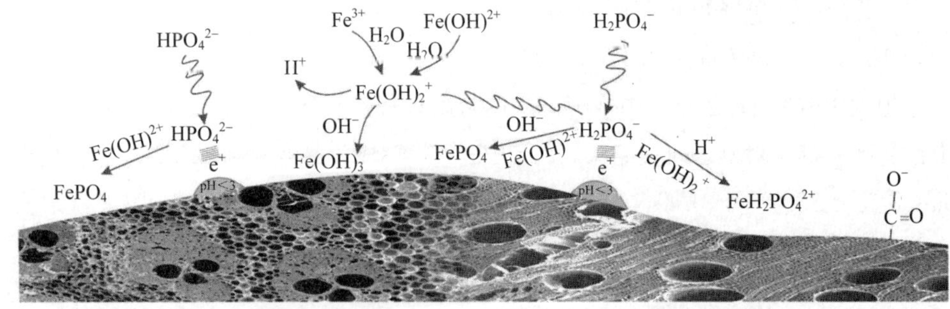

图 5.38 PBGC-Fe/C 吸附水中磷的历程

由图 5.36 至图 5.38 可知，PBGC-Fe/C 对水中铬、砷、磷的吸附过程可分为静电吸引的物理吸附、化学反应及离子交换 3 步进行描述。第一步，当溶液 pH＜3 时，PBGC-Fe/C 表面带正电；当溶液 pH＞3 时，PBGC-Fe/C 表面带负电，带相反电荷的目标组分迅速与 PBGC-Fe/C 表面及内部的活性吸附位点发生静电吸引，完成物理吸附。第二步，对 Cr（Ⅵ）的吸附过程中，Fe（Ⅱ）提供电子，将 Cr（Ⅵ）还原为 Cr（Ⅲ）；对 As（Ⅴ）和 P（Ⅴ）的吸附过程中，化学吸附过程主要表现为 $Fe(OH)^{2+}$和 $Fe(OH)_2{}^{+}$与稳定存在的目标组分发生的络合反应，但是其作用远不如静电吸引的物理吸附作用大。第三步，表现为 PBGC-Fe/C 上吸附的部分目标组分离子与系统中的 Fe（Ⅲ）耦合离子发生离子交换，重新进入水体。随着吸附的进行，当 PBGC-Fe/C 表面和内部的吸附活性位完全被占据，且溶液及材料表面的离子组分达到平衡，则完成整个吸附过程。

5.6　本章小结

（1）使用 Logarithm 自定义函数可以较好地模拟 PBGC-Fe/C 对水环境中 Cr（Ⅵ）、As（Ⅴ）和 P（Ⅴ）的等温吸附过程，相关系数 R^2 基本均在 0.95 以上。对 PBGC-Fe/C 吸附水环境中 Cr（Ⅵ）、As（Ⅴ）和 P（Ⅴ）的过程用 Langmuir 模型拟合均可达到显著水平，不同温度（25℃、35℃和 45℃）下，对 Cr（Ⅵ）吸附的相关系数 R^2 分别为 0.985 2、0.988 2 和 0.981 4（PBGC-Fe/C-B）及 0.958 9、0.968 0 和 0.970 2（PBGC-Fe/C-E）；对 As（Ⅴ）吸附的相关系数 R^2 分别为 0.962 8、0.949 5 和 0.968 9（PBGC-Fe/C-B）及 0.958 9、0.968 和 0.970 2（PBGC-Fe/C-E）；对 P（Ⅴ）吸附的相关系数 R^2 分别为 0.973 2、0.990 1 和 0.985 3（PBGC-Fe/C-B）及 0.944 4、0.944 7 和 0.924 6（PBGC-Fe/C-E）。Freundlich 吸附模型可以较好地描述 PBGC-Fe/C 对水环境中 Cr（Ⅵ）、As（Ⅴ）和 P（Ⅴ）的等温吸附过程，不同温度（25℃、35℃和 45℃）下，对 Cr（Ⅵ）的吸附常数 $1/n$ 分别为 0.333 9、0.332 3 和 0.333 4（PBGC-Fe/C-B）及 0.160 2、0.169 3 和 0.185 7（PBGC-Fe/C-E），3 种温度下 Freundlich 吸附模型的相关系数 R^2 分别为 0.846 8、0.831 4 和 0.843 6（PBGC-Fe/C-B）及 0.917 4、0.955 3 和 0.947 8（PBGC-Fe/C-E）。对 As（Ⅴ）而言，吸附常数 $1/n$ 的值分别为 0.194 9、0.215 3 和 0.171 1（PBGC-Fe/C-B）及

0.191 6、0.230 4 和 0.225 2（PBGC-Fe/C-E），3 种温度下 Freundlich 吸附模型的相关系数 R^2 分别 0.961 5、0.968 2 和 0.945 6（PBGC-Fe/C-B）及 0.972 2、0.953 2 和 0.969 9（PBGC-Fe/C-E）；对 P（Ⅴ）吸附的相关系数 R^2 分别为 0.979 6、0.975 7 和 0.977 1（PBGC-Fe/C-B）及 0.991 6、0.993 2 和 0.978 6（PBGC-Fe/C-E）。

（2）准二级动力学模型可以很好地描述 PBGC-Fe/C 对 Cr（Ⅵ）、As（Ⅴ）和 P（Ⅴ）吸附的动态过程，不同浓度下的 R^2 均在 0.99 以上，且大多数为 1，达到显著相关水平。相应求得的平衡吸附量 q_e 分别是 0.199 mg/g、0.998 1 mg/g 和 4.992 5 mg/g [Cr（Ⅵ），PBGC-Fe/C-B]，0.199 9 mg/g、1.003 7 mg/g 和 3.182 7 mg/g [Cr（Ⅵ），PBGC-Fe/C-E]；0.499 8 mg/g、0.999 6 mg/g 和 3.571 4 mg/g [As（Ⅴ），PBGC-Fe/C-B]，0.499 7 mg/g、0.993 mg/g 和 2.881 mg/g [As（Ⅴ），PBGC-Fe/C-E]；0.198 5 mg/g、0.491 9 mg/g 和 0.872 4 mg/g [P（Ⅴ），PBGC-Fe/C-B]及 0.185 mg/g、0.469 7 mg/g 和 0.616 3 mg/g [P（Ⅴ），PBGC-Fe/C-E]，所有计算值都非常接近实际测得的 q_e 值。

（3）反应溶液体系中目标组分存在的形态分析结果表明，未经过氧化还原的 Cr（Ⅵ）原溶液中，主要以 $HCrO_4^-$、H_2CrO_4、CrO_4^{2-}和 $Cr_2O_7^{2-}$ 4 种形态存在，但是 Cr（Ⅵ）自身不稳定，铬原始溶液中以 Cr^{3+}、$Cr(OH)^{2+}$和 $Cr(OH)_2^+$ 3 种离子形态稳定存在；砷原始溶液中以 H_3AsO_4、$H_2AsO_4^-$和 $HAsO_4^{2-}$ 3 种组分形态稳定存在；磷原始溶液中以 H_3PO_4、$H_2PO_4^-$和 HPO_4^{2-} 3 种组分形态稳定存在。研究结果证实不同 pH 条件下，各种组分形态和含量是交替变化的，其离子变化过程、转移的可能均可较好地被描述出来。

（4）综合 SEM-EDS、XRD、FT-IR 分析结果表明，实验中 PBGC-Fe/C 去除水中目标元素的机制均主要为吸附作用；由于溶液中 Cr（Ⅵ）的初始浓度较低，并未与 Fe（Ⅲ）或 Fe（Ⅱ）形成明显的化合物。由能谱分析可看出 Cr 元素较均匀地分布在样品管壁位置。在吸附 As（Ⅴ）后形成砷酸铁或砷酸亚铁组分，但是未结合形成明显的化合物。能谱分析结果表明 As（Ⅴ）主要被固定在了微孔内部，大孔管壁周边及实体部分砷含量较低。在吸附去除水中 P（Ⅴ）的过程中，由于溶液中 P（Ⅴ）的初始浓度较低，未与 Fe（Ⅲ）或 Fe（Ⅱ）形成明显的化合物。能谱分析并未在样品表面测出磷元素，这可能是因为材料对 P（Ⅴ）的吸附量偏小且 P（Ⅴ）主要被吸附在孔的内部。

（5）综合 XPS 分析及上述机理研究认为，实验中 PBGC-Fe/C 吸附目标元素过程基本都分为物理吸附过程、固相表面化学作用过程及离子交换过程 3 个步骤。

在对 Cr（Ⅵ）的吸附过程中，Cr 的各种形态离子通过表面扩散和静电吸引作用进入到 PBGC-Fe/C 孔隙中，完成物理吸附过程；氧化铁水解形成的 $Fe(OH)_2^+$ 不仅能对呈负电性的 $Cr_2O_7^{2-}$ 和 $HCrO_4^-$ 发生吸附，还对 Cr（Ⅵ）有还原作用，可将溶液中部分 Cr（Ⅵ）还原为低毒性的 Cr（Ⅲ）；同时，在碱性环境下，反应过程有可能生成 Cr_2O_3，$FeO·Cr_2O_3$ 等氧化物保护层，阻止 Cr（Ⅲ）的继续生成沉淀；在离子交换步骤，主要表现为 Cr^{3+}、$Cr(OH)_2^+$ 和 $Cr(OH)^{2+}$ 被 Fe（Ⅱ）所交换进入溶液。

在对 As（Ⅴ）的吸附过程中，pH＜3 的时候，PBGC-Fe/C 表面带正电，As（Ⅴ）的各种阴离子形态被 PBGC-Fe/C 吸附在孔隙中；在 PBGC-Fe/C 固相表面，氧化铁[$Fe(OH)^{2+}$ 和 $Fe(OH)_2^+$）]与 As（Ⅴ）的各种形态组分反应生成 $FeAsO_4$ 和 $FeH_2AsO_4^{2+}$ 等组分；在离子交换步骤，$H_2AsO_4^-$ 和 $HAsO_4^{2-}$ 两种离子被等半径的离子交换进入溶液。

在对 P（Ⅴ）的吸附过程中，P（Ⅴ）的性质与 As（Ⅴ）类似，$H_2PO_4^-$ 和 HPO_4^{2-} 等阴离子被牢固地吸附在 PBGC-Fe/C 的孔隙中，进而与 $Fe(OH)_2^+$ 及 $Fe(OH)^{2+}$ 发生反应生成络合物，H_3PO_4 与 $Fe(OH)_3$ 发生化学反应；$H_2PO_4^-$ 和 HPO_4^{2-} 等形式离子被交换进入溶液完成离子交换过程。

第 6 章　结论与展望

6.1　结论

本研究利用毛竹、桉木为植物模板，通过人工控制制备获取水体污染物吸附材料，选择 Cr（Ⅵ）、As（Ⅴ）和 P（Ⅴ） 等为目标污染物，从材料制备工艺、吸附影响实验、吸附前后液相和固相表征等方面探讨材料对目标元素的吸附机制，取得的主要结论如下。

（1）在 5%稀氨水中，100℃条件下对原始材料进行抽提预处理 6 h，使用 1.2 mol/L 硝酸铁前驱体溶液浸泡 5 d（操作重复 3 次），然后在 600℃条件下焙烧 3 h，可以制备获得良好的目标产物：植物遗态 $Fe_2O_3/Fe_3O_4/C$ 复合材料。目标产物较好地复制了原始植物模板的结构特征，为分级多孔结构材料。PBGC-Fe/C 的材料表面主要分布着 C、Fe 和 O 等元素，经过改性，目标产物的 C 含量明显低于原始模板，而氧化铁占 72%以上。PBGC-Fe/C 主要含有 α-Fe_2O_3、Fe_3O_4 和 C 3 种物质。PBGC-Fe/C-B 的比表面积为 93.06 m^2/g，孔容为 0.12 cm^3/g，有 21%的孔径属于大于 50 nm 的大孔材料孔径范围，有 78%的孔径分布于 2～50 nm 的介孔材料孔径范围，还有小部分位于小丁 2 nm 的微孔材料范围；而 PBGC-Fe/C-E 比表面积为 59.20 m^2/g，孔容为 0.11 cm^3/g，有 22%的孔径属于大于 50 nm 的大孔材料孔径范围，有 76%的孔径分布于 2～50 nm 的介孔材料孔径范围，还有小部分位于小于 2 nm 的微孔材料范围。两种 PBGC-Fe/C 材料的零点电位 pH_{PZC} 几乎相同（PBGC-Fe/C-B，3.1；PBGC-Fe/C-E，3.2）。

（2）选择吸附时间、溶液初始浓度及温度、溶液初始 pH、吸附剂投加量、吸附剂种类及粒径为影响因素开展静态吸附净化模拟实验，得到以下研究结论。

①PBGC-Fe/C对水中Cr（Ⅵ）表现出良好的吸附能力。随着Cr（Ⅵ）初始浓度的增加，PBGC-Fe/C对Cr（Ⅵ）的吸附量也增大；温度的升高利于PBGC-Fe/C对Cr（Ⅵ）吸附量的提高。PBGC-Fe/C-B对中低浓度Cr（Ⅵ）污染废水的处理可在20 min之内达到平衡；初始溶液偏酸利于Cr（Ⅵ）的吸附去除，适宜pH取2；Cr（Ⅵ）去除率随吸附剂投加量的增加而上升；吸附剂粒径越小越利于Cr（Ⅵ）去除，小于100目为适宜的吸附剂粒径，然而块状未研磨的PBGC-Fe/C也可获得良好的吸附净化效果。正交实验结果显示，在吸附剂投加量为0.6 g/50 mL、粒径小于100目、溶液初始pH为3、溶液初始浓度为10 mg/L、吸附温度为35℃的条件下，PBGC-Fe/C-B吸附7 h可获得最佳吸附率，而PBGC-Fe/C-E吸附8 h可获得最佳吸附率。

②PBGC-Fe/C对水中As（Ⅴ）表现出良好的吸附能力。As（Ⅴ）溶液初始浓度升高，PBGC-Fe/C对As（Ⅴ）的吸附量也增加；适宜的溶液初始pH为3；增加吸附剂的量有利于As（Ⅴ）的去除，适宜的吸附剂投加量为0.5 g/50 mL；小于100目为适宜的吸附剂粒径，但是块状未研磨的PBGC-Fe/C也可获得良好的As（Ⅴ）吸附净化效果。特别地，PBGC-Fe/C-B对低、中浓度砷溶液的去除率可保持在95%以上，且吸附快速，对100 mg/L高浓度的含As（Ⅴ）溶液吸附量为5.33 mg/g。pH在2～7范围内PBGC-Fe/C-B对As（Ⅴ）的吸附效果较好。正交实验结果显示：在吸附剂投加量为0.6 g/50 mL、粒径小于100目，溶液初始pH为3、溶液初始浓度为10 mg/L、吸附温度为35℃的条件下，PBGC-Fe/C-B吸附7 h可获得最佳吸附率，而PBGC-Fe/C-E吸附8 h可获得最佳吸附率。

③在较宽的pH范围内（pH为3～10），PBGC-Fe/C对P（Ⅴ）表现出良好且快速的吸附能力，30 min即可达到良好的吸附净化效果。随着P（Ⅴ）初始浓度的增加，PBGC-Fe/C对P（Ⅴ）的吸附量也增大；温度的升高利于吸附量的增大；溶液偏酸性利于P（Ⅴ）的吸附去除，适宜的溶液初始pH取值3；P（Ⅴ）的去除率随吸附剂投加量的增加而上升，适宜的吸附剂投加量为0.5 g/50 mL；吸附剂粒径越小，P（Ⅴ）的去除率越高，小于100目为适宜的吸附剂粒径，另外，块状未研磨的PBGC-Fe/C也可获得良好的吸附净化效果。正交实验结果显示：在吸附剂投加量为0.6 g/50 mL、粒径小于100目，溶液初始pH为3、溶液初始浓度为2 mg/L、吸附温度为35℃的条件下，PBGC-Fe/C-B吸附9 h可获得最佳吸附率，

而 PBGC-Fe/C-E 吸附 7 h 可获得最佳吸附率。

（3）从吸附等温线模型拟合、热力学参数计算、吸附动力学分析、反应溶液体系中目标组分存在形态分析、固相表面元素分析及化学反应过程等多方面阐述 PBGC-Fe/C 对水环境中 Cr（Ⅵ）、As（Ⅴ）和 P（Ⅴ）的吸附机理。获得主要结论如下。

①使用 Logarithm 自定义函数可以较好地模拟 PBGC-Fe/C 对水环境中 Cr（Ⅵ）、As（Ⅴ）和 P（Ⅴ）的等温吸附过程，相关系数 R^2 基本在 0.95 以上。Langmuir 模型对 PBGC-Fe/C 对水环境中 Cr（Ⅵ）、As（Ⅴ）和 P（Ⅴ）的等温吸附过程拟合程度均达到显著水平，不同温度（25℃、35℃和 45℃）下，PBGC-Fe/C-B 对 Cr（Ⅵ）的吸附相关系数 R^2 分别为 0.985 2、0.988 2 和 0.981 4，对 As（Ⅴ）的吸附相关系数 R^2 分别为 0.962 8、0.949 5 和 0.968 9，对 P（Ⅴ）的吸附相关系数 R^2 分别为 0.973 2、0.990 1 和 0.985 3。PBGC-Fe/C-E 对 Cr（Ⅵ）的吸附相关系数 R^2 分别为 0.958 9、0.968 和 0.970 2，对 As（Ⅴ）的吸附相关系数 R^2 分别为 0.958 9、0.968 和 0.970 2，对 P（Ⅴ）的吸附相关系数 R^2 分别为 0.944 4、0.944 7 和 0.924 6。所有吸附过程的 R_L 均在 0～1，可见 PBGC-Fe/C 对目标元素的吸附过程是容易进行的，且吸附剂为拥有单分子层、表面吸附位均匀分布的固体吸附剂，吸附过程只发生在活性中心点。

②Freundlich 吸附模型可以较好描述 PBGC-Fe/C 对水环境中 Cr（Ⅵ）、As（Ⅴ）和 P（Ⅴ）的等温吸附过程。不同温度（25℃、35℃和 45℃）下，PBGC-Fe/C-B 对 Cr（Ⅵ）吸附的相关系数 R^2 分别为 0.846 8、0.831 4 和 0.843 6，对 As（Ⅴ）的吸附相关系数 R^2 分别为 0.961 5、0.968 2 和 0.945 6，对 P（Ⅴ）的吸附相关系数 R^2 分别为 0.979 6、0.975 7 和 0.977 1；PBGC-Fe/C-E 对 Cr（Ⅵ）吸附的相关系数 R^2 分别为 0.917 4、0.955 3 和 0.947 8，对 As（Ⅴ）的吸附相关系数 R^2 分别为 0.972 2、0.953 2 和 0.969 9，对 P（Ⅴ）的吸附相关系数 R^2 分别为 0.991 6、0.993 2 和 0.978 6。所有吸附过程中，$1/n$ 均在 0.1～0.5，说明选定的目标元素均容易被 PBGC-Fe/C 吸附，且以化学吸附为主。Langmuir 模型和 Freundlich 吸附模型的拟合程度对比发现，对重金属的吸附而言，Langmuir 模型拟合程度较高；而 Freundlich 吸附模型更加适合描述对磷的吸附过程。

③准二级动力学模型可以很好地用来描述 PBGC-Fe/C 对 Cr（Ⅵ）、As（Ⅴ）

和 P（Ⅴ）的吸附的动态过程，3 种浓度下的 R^2 均在 0.99 以上，且大多数为 1，达到显著相关水平。求得的平衡吸附量 q_e 分别是 0.199 mg/g、0.998 1 mg/g 和 4.992 5 mg/g [Cr（Ⅵ），PBGC-Fe/C-B]；0.199 9 mg/g、1.003 7 mg/g 和 3.182 7 mg/g [Cr（Ⅵ），PBGC-Fe/C-E]；0.499 8 mg/g、0.999 6 mg/g 和 3.571 4 mg/g [As（Ⅴ），PBGC-Fe/C-B]；0.499 7 mg/g、0.993 mg/g 和 2.881 mg/g [As（Ⅴ），PBGC-Fe/C-E]；0.198 5 mg/g、0.491 9 mg/g 和 0.872 4 mg/g [P（Ⅴ），PBGC-Fe/C-B]及 0.185 mg/g、0.469 7 mg/g 和 0.616 3 mg/g [P（Ⅴ），PBGC-Fe/C-E]，所有计算值都非常接近实际测得的 q_e 值。其他几种动力学模型的拟合程度稍差，未能较好描述本研究吸附过程。

④反应溶液体系中目标组分存在的形态分析表明，在未经过氧化还原的 Cr（Ⅵ）原溶液中，主要以 $HCrO_4^-$、H_2CrO_4、CrO_4^{2-}和 $Cr_2O_7^{2-}$ 4 种形态存在，而在静置后的铬原始溶液中则以 Cr^{3+}、$Cr(OH)^{2+}$和 $Cr(OH)_2^+$ 3 种离子形态稳定存在；As（Ⅴ）原始溶液中以 H_3AsO_4、$H_2AsO_4^-$和 $HAsO_4^{2-}$ 3 种离子形态稳定存在；P（Ⅴ）原始溶液中以 H_3PO_4、$H_2PO_4^-$和 HPO_4^{2-} 3 种离子形态稳定存在。对吸附后溶液浓度计算结果显示，PBGC-Fe/C 对 3 种目标元素离子均有较好吸附效果，与过程影响实验结果相吻合。对吸附后溶液的计算结果可以证实不同 pH 条件下，各种目标组分形态和浓度含量是交替变化的，其转化过程也可被较好地描述。

⑤综合 SEM-EDS、XRD、FT-IR 分析结果表明，实验中 PBGC-Fe/C 去除水中目标元素的机制均主要为吸附作用；由于溶液中 Cr（Ⅵ）的初始浓度较低，与 Fe（Ⅲ）或 Fe（Ⅱ）形成的化合物难以集中呈现。由能谱分析可看出 Cr 元素较均匀地分布在样品管壁位置。在吸附 As（Ⅴ）后形成砷酸铁或砷酸亚铁，Fe（Ⅲ）或 Fe（Ⅱ）未与 As（Ⅴ）结合形成大量化合物。能谱分析结果表明 As（Ⅴ）主要被固定在了微孔内部，大孔管壁周边及实体部分含量较低。在吸附去除水中 P（Ⅴ）的过程中，能谱分析并未在样品表面测出磷元素，这可能是因为材料对 P（Ⅴ）的吸附量偏小且 P（Ⅴ）主要被吸附在孔的内部。

⑥综合 XPS 分析结果表明，实验中 PBGC-Fe/C 吸附目标元素过程基本都分为物理吸附过程，固相表面化学作用过程以及离子交换过程 3 个步骤。

物理吸附过程：对 Cr（Ⅵ）的吸附而言，各种离子形态的 Cr（Ⅵ）由于自身的不稳定，容易被还原为 Cr（Ⅲ），而后各种 Cr 形态离子通过表面扩散和静电吸引作用进入到 PBGC-Fe/C 孔隙中；在对 As（Ⅴ）和 P（Ⅴ）的吸附过程中，pH＜3 时，PBGC-Fe/C 表面带正电，As（Ⅴ）和 P（Ⅴ）的各种形态阴离子被 PBGC-Fe/C 吸附在材料孔隙中。

固相表面化学作用过程：氧化铁水解形成的 $Fe(OH)_2^+$或 $Fe(OH)_2^+$与 $Cr_2O_7^{2-}$和 $HCrO_4^-$发生静电吸引的同时，还将水体中的 Cr（Ⅵ）还原为低毒性的 Cr（Ⅲ）；酸性条件下，氧化铁溶解生成氢氧化铁与 H_3AsO_4、$H_2AsO_4^-$和 $HAsO_4^{2-}$生成沉淀或络合物，碱性条件下，只有微量 As 的化学反应产生，且有可能生成少量氢氧化铁；对 P（Ⅴ）的化学吸附过程与 As（Ⅴ）类似。

离子交换过程：主要表现为 Cr^{3+}、$Cr(OH)_2^+$和 $Cr(OH)^{2+}$以及 $H_2AsO_4^-$、$HAsO_4^{2-}$、$H_2PO_4^-$和 HPO_4^{2-}等形式离子被 Fe（Ⅱ）的耦合离子等溶液中存在的类似半径离子所交换进入溶液。

6.2 创新点

（1）以广西量多的毛竹和桉木为原料，借用植物模板的天然结构特性提高吸附剂的吸附性能，通过稀氨水抽提-Fe 溶液浸泡-焙烧等简易工艺制备获得高效吸附材料，并将遗态材料的制备与水污染控制有机结合，具有一定的地方特色及方法创新（制备方法已获得发明专利授权）。

（2）将传统的遗态材料应用于水环境污染物处理，对其吸附过程的影响因子进行了较为全面实验，获取适宜值，并在工程意义上给予分析评价，具一定的应用研究创新。

（3）基于吸附影响因子的考察实验结果，应用 SEM-EDS、XRD、FT-IR 和 XPS 等技术手段对吸附前后的吸附剂固相进行深入表征，测定反应前后溶液的 pH、Eh、剩余浓度数据，应用地球化学权威软件 PHREEQC 程序对溶液目标组分形态的变化、含量进行准确描述，从物理吸附、固-液界面化学反应过程及离子交换等角度全面阐述 PBGC-Fe/C 吸附目标元素的机制，具有一定的科学创新。

6.3　展望

研究表明，制备获得的 PBGC-Fe/C 对水中 Cr（Ⅵ）、As（Ⅴ）和 P（Ⅴ）具有较强的吸附能力，并在一定程度上阐明了其吸附机制，可以较为清楚地描述其吸附过程。然而，由于材料制备工艺对比研究耗时长，且中间产物较为复杂，还需深入开展以下工作。

在原有技术手段基础上，利用气相色谱-质谱联用仪（GC-MS）、拉曼光谱（Raman spectra）、氢核磁共振波谱（^{1}H-NMR）和核磁共振碳谱仪（^{13}C-NMR）对吸附剂的制备过程的反应中间产物进行进一步分析鉴定；利用 ChemOffice 组件对材料的木素单元结构等进行量子化优化，计算其电荷密度、最高电子占据轨道、最低空分子轨道等；建立改性物质氧化纤维/木素的动力学模型，从化学反应性能上深入探讨其制备机理。

再者，研究是为了应用，动态吸附与现实吸附的应用更贴切，今后应在静态吸附研究的基础上，开展动态吸附过程影响实验研究，探讨其吸附机理。同时，可对吸附后材料开展脱附再利用方面的研究。

参考文献

[1] 朱义年，张学洪，曾鸿鹄. 竹炭在水环境污染防治中的应用研究[M]. 北京：中国环境科学出版社，2009.

[2] 胡金朝. 水体重金属监测与植物修复[M]. 郑州：河南科学技术出版社，2010.

[3] 顾夏声. 水处理生物学[M]. 北京：中国建筑工业出版社，2006.

[4] Ray A K，Das S K，Pathak L C. Synthesis of silicon carbide mats using natural fibers[J]. Materials Letters，2003（57）：1120-1123.

[5] Kadirvelu K，Thamaraiselvi K，Namasivayam C. Removal of heavy metals from industrial wastewaters by adsorption onto activated carbon prepared from an agricultural solid waste[J]. Bioresource Technology，2001（76）：63-65.

[6] 王天驰，范同祥，张荻，等. 具有木材结构 Al/C、Al/（SiC+C）复合材料的制备及热学性能[J]. 功能材料，2007，38（10）：1682-1685.

[7] Sun，Fan T，Xu J，et al. Biomorphic synthesis of SnO_2 microtubules on cotton fibers[J]. Materials Letter，2005，59（18）：2325-2328.

[8] Cheng H M，Endo H，Okabe T. Graphitization behavior of wood ceramics and bamboo ceramics determined by X-ray diffraction[J]. Porous Materials，1999，6（3）：233-237.

[9] 古绪鹏. 自动调节室内湿度的保健型涂料的研制[J]. 应用科技，2000，27（6）：2-3.

[10] 叶喜祥，王益冰. 竹炭和竹醋液的机能与科学[M]. 北京：中国林业出版社，2001.

[11] Mohan D，Pittman C U. Arsenic removal from water/wastewater using adsorbents-A critical review[J]. Journal of Hazardous Materials，2007（142）：1-53.

[12] 李维. 国务院批复重金属污染防治规划[EB/OL]. 中国环境报，2011，http：//www.cenews.com.cn/xwzx/yz/yzqt/201102/t20110228_693034.html.

[13] Fulladosa E，Murat J C，Martinez M.，et al. Effect of pH on arsenate and arsenite toxicity to luminescent bacteria（*Vibrio fischeri*）[J]. Archives of Environmental Contamination and Toxicology，2004（46）：176-182.

[14] 张学洪，朱义年，刘辉利. 砷的环境化学作用过程研究[M]. 北京：科学出版社，2009.

[15] 肖亚兵，钱沙华，黄淦泉. 纳米二氧化钛对砷（III）和砷（V）吸附性能的研究[J]. 分析科学学报，2003，19（2）：172-174.

[16] Smedley P L，Kinniburg D G. A review of the source，behaviour and distribution of arsenic in natural waters[J]. Applied Geochemistry，2002（17）：517-568.

[17] Bothe J V，Brown P W. Arsenic immobilization by calcium arsenate formation[J]. Environmental Science and Technology，1999（33）：3806-3811.

[18] Karagas M R，Le C X，Morris S，et al. Markers of low level arsenic exposure for evaluating human cancer risks in the US population[J]. International Journal of Occupational Medicine and Environmental Health，2001（14）：171-175.

[19] Office of Air Quality Planning and Standards. Locating and estimating air emissions from sources of arsenic and arsenic compounds[M]. Washington DC：USEPA，1998.

[20] 苏廷芝，顾国维. 活性污泥法处理含砷废水初探[J]. 四川环境，2006，25（4）：68-71.

[21] Conley D J，Paerl H W，Howarth R W，et al. Controlling eutrophication：Nitrogen and phosphorus[J]. Science，2009（323）：1014-1015.

[22] 邓春玲. 稀土吸附剂废水深度脱磷[D]. 昆明：昆明理工大学，2002.

[23] Laliberte G，Lessard P，de la Noüe J，et al. Effect of phosphorus addition on nutrient removal from wastewater with the cyanobacterium phormidium bohneri[J]. Bioresource Technology，1997（59）：227-233.

[24] Sawayama S，Rao K K，Hall D O. Nitrate and phosphate ion removal from water by phormidium laminosum immobilized on hollow fibres in a photobioreactor[J]. Applied Microbiology and Biotechnology，1998（49）：463-468.

[25] Weng C H，Hsu M C. Regeneration of granular activated carbon by an electrochemical process[J]. Separation and Purification Technology，2008（64）：227-236.

[26] 戚洪彬，杜海，王志辉. 合成雪硅钙石净化含 Hg^{2+}废水的实验[J]. 环境化学，2010，29（1）：77-81.

[27] Ajouyed O，Hurel C，Ammari M，et al. Sorption of Cr（Ⅵ）onto natural iron and aluminum（oxy）hydroxides：Effects of pH，ionic strength and initial concentration[J]. Journal of Hazardous Materials，2010（174）：616-622.

[28] Kuang W，Tan Y，Fu L. Adsorption kinetics and adsorption isotherm studies of chromium from aqueous solutions by HPAM-chitosan gel beads[J]. Desalination and Water Treatment，2012（45）：222-228.

[29] 王桂芳，包明峰，韩泽志. 活性炭对水中重金属离子去除效果的研究[J]. 环境保护科学，

2004，30（2）：26-29.

[30] Gallios G P，Vaclavikova M. Removal of chromium（Ⅵ）from water streams：a thermodynamic study[J]. Environmental Chemistry Letters，2008（6）：235-240.

[31] 饶品华，张文启，黄中子. 磁性阳离子水凝胶的合成及其对六价铬的吸附去除[J]. 环境化学，2011，30（11）：1858-1863.

[32] 刘晓明，杨翠英，宋吉勇. 用活性炭为吸附剂处理含 Cr（Ⅵ）电镀废水探讨[J]. 山东科技大学学报，2005，24（2）：107-109.

[33] 马红梅，朱志良，张荣华. β-FeO（OH）对水中砷的吸附作用[J]. 同济大学学报（自然科学版），2007，35（12）：1656-1660.

[34] 李杰，江霜英，董斌. 低浓度金属离子废水处理技术研究进展[J]. 工业水处理，2007，30（2）：15-19.

[35] 崔志新，任庆凯，艾胜书. 重金属废水处理及回收的研究进展[J]. 环境科学与技术，2010，33（12F）：375-377.

[36] 高廷耀，顾国维，周琪. 水污染控制工程[M]. 北京：高等教育出版社，2007.

[37] 梁莎，冯宁川，郭学益. 生物吸附法处理重金属废水研究进展[J]. 水处理技术，2009，35（3）：13-15.

[38] 黄君涛，熊帆，谢伟立. 吸附法处理重金属废水研究进展[J]. 水处理技术，2006，32（2）：9-11.

[39] 王雅静，戴惠新. 生物吸附法分离废水中的重金属离子的研究进展[J]. 水处理技术，2006，26（1）：40-44.

[40] 代淑娟. 生物吸附法去除电镀废水中镉的研究[D]. 沈阳：东北大学，2008.

[41] 王家强. 生物吸附法去除重金属的研究[D]. 长沙：湖南大学，2010.

[42] 王建龙. 现代环境生物技术（第 2 版）[M]. 北京：清华大学出版社，2008.

[43] 马前，张小龙. 国内外重金属废水处理新技术的研究进展[J]. 环境工程学报，2006，1（7）：10-14.

[44] 陈同斌，韦朝阳，黄泽春，等. 砷超富集植物蜈蚣草及其对砷的富集特征[J]. 环境通报，2002，47（3）：207-210.

[45] 李文学，陈同斌，陈阳，等. 蜈蚣草毛状体对砷的富集作用及其意义[J]. 中国科学 C 辑：生命科学，2004，34（5）：402-408.

[46] Zhang X H，Liu J，Huang H T，et al. Chromium accumulation by the hyperaccumulator plant *Leersia hexandra Swartz*[J]. Chemosphere，2007，67（6）：1138-1143.

[47] 张学洪，罗亚平，黄海涛，等. 一种新发现的湿生铬超积累植物——李氏禾[J]. 生态学报，

2006，26（3）：264-267.

[48] 张自杰. 废水处理理论与设计[M]. 北京：中国建筑工业出版社，2003.

[49] Weng C H，Wu Y C. Potential low-cost biosorbent for copper removal：Pineapple leaf powder[J]. Journal of Environment Engineering，2012（138）：86-292.

[50] Weng C H，Lin Y T，Yeh C L，et al. Magnetic Fe_3O_4 nanoparticles for adsorptive removal of acid dye（new coccine） from aqueous solutions[J]. Water Science Technololy，2010（62）：844-851.

[51] 辛杰，裴元生，王颖. 几种吸附材料对磷吸附性能的对比研究[J]. 环境工程，2011，29（4）：30-34.

[52] 叶志平，王凤英，何国伟. 改性沸石混合矿物对富营养化水中磷的吸附性能研究[J]. 华南师范大学学报（自然科学版），2011（2）：91-96.

[53] 李煦凡. 植物组织模板遗态分级多孔氧化物制备、微结构及性能研究[D]. 青岛：青岛科技大学，2008.

[54] 谢绍安，晓晨. 生物拟态可将木材转化为陶瓷[J]. 激光与光电子学进展，1998，387（3）：40-41.

[55] Chiarakorn S，Areerob T，Grisdanurak N. Influence of functional silanes on hydrophobicity of MCM-41 synthesized from rice husk[J]. Science and Technology of Advanced Materials，2007（8）：110-115.

[56] 王西成，田杰. 陶瓷化木材的复合机理[J]. 材料研究学报，1996，10（4）：40-41.

[57] Iwasaki M，Davis S A，Mann S J. Fabrication of ceramic components with hierarchical porosity[J]. Chemical Engineering Journal，2004（2）：99.

[58] Wataru O，Wayne S，Sean A D. Template mineralization of ordered macroporous chitin-silica composites using a cuttlebone-derived organic matrix[J]. Chemistry Materials，2000，12（10）：2835-2837.

[59] Yang D，Qi L，Ma J. Eggshell membrane templating of hierarchically ordered macroporous networks composed of TiO_2 tubes[J]. Advanced Materials，2002，14（21）：1543-1546.

[60] Dudley S，Kalem T，Akinc M. Conversion of SiO_2 diatom frustules to $BaTiO_3$ and $SrTiO_3$[J]. Journal American Ceramic Society，2006，89（8）：2434-2439.

[61] Huang J Y，Wang X D，Wang Z L. Controlled replication of butterfly wings for achieving tunable photonic properties[J]. Nano Letters，2006，6（10）：2325-2331.

[62] 张健军，韦晓娟，傅锋，等. 广西桉树速生丰产林调查与经济效益评价[J]. 林业经济，2012（9）：34-37.

[63] 吕永来. 2010 年全国各省（区、市）竹材及其中毛竹产量排行榜[J]. 中国林业产业，2012（3）：56-57.

[64] Greil P. Near Net Shape Manufacturing of Ceramics[J]. Materials Chemistry and Physics，1999，61（1）：64-68.

[65] Greil P. Biomorphous Ceramics from Lignocellulosics[J]. Journal of the European Ceramic Society，2001，21（2）：105-118.

[66] López-Télleza G，Barrera-Díaza C E. Removal of hexavalent chromium in aquatic solutions by iron nanoparticles embedded in orange peel pith[J]. Chemical Engineering Journal，2011（173）：480-485.

[67] Dubey S P，Gopal K. Adsorption of chromium（Ⅵ）on low cost adsorbents derived from agricultural waste material：A comparative study[J]. Journal of Hazardous Materials，2007，145（3）：465-470.

[68] Gupta V K，Ali I. Removal of lead and chromium from wastewater using bagasse fly ash-a sugar industry waste[J]. Journal of Colloid and Interface Science，2004，271（2）：321-328.

[69] Mohanty K，Jha M，Meikap B C. Removal of chromium（VI） from dilute aqueous solutions by activated carbon developed from Terminalia arjuna nuts activated with zinc chloride[J]. Chemical Engineering Science，2005，60（11）：3049-3059.

[70] Kula I，Uğurlu M，Karaoğlu H. Adsorption of Cd（Ⅱ）ions from aqueous solutions using activated carbon prepared from olive stone by $ZnCl_2$ activation[J]. Bioresource Technology，2008，99（3）：492-501.

[71] 赵琳，孙炳合，范同祥，等. 模板法制备遗态 Al_2O_3 陶瓷的研究[J]. 功能材料，2005，36（7）：1027-1029.

[72] Kumar U，Bandyopadhyay M. Sorption of cadmium from aqueous solution using pretreated rice husk[J]. Bioresource Technology，2006，97（1）：104-109.

[73] Wong K K，Lee C K，Low K S. Removal of Cu and Pb from electroplating wastewater using tartaric acid modified rice husk[J]. Process Biochemistry，2003，39（4）：437-445.

[74] Horsfall Jr M，Abia A A，Spiff A I. Kinetic studies on the adsorption of Cd^{2+}，Cu^{2+} and Zn^{2+} ions from aqueous solutions by cassava（Manihot sculenta Cranz） tuber bark waste[J]. Bioresource Technology，2006，97（2）：283-291.

[75] Li Q，Zhai J，Zhang W. Kinetic studies of adsorption of Pb（Ⅱ），Cr（Ⅲ）and Cu（Ⅱ）from aqueous solution by sawdust and modified peanut husk[J]. Journal of Hazardous Materials，2007，141（1）：163-167.

[76] Ozer A，Ozer D，Ozer A. The adsorption of copper（Ⅱ）ions on to dehydrated wheat bran（DWB）：Determination of the equilibrium and thermodynamic parameters[J]. Process Biochemistry，2004，39（12）：2183-2191.

[77] Ozer A，Pirincci H B. The adsorption of Cd（Ⅱ）ions on sulphuric acid-treated wheat bran[J]. Journal of Hazardous Materials，2006，137（2）：849-855.

[78] Noeline B F，Manohar D M，Anirudhan T S. Kinetic and equilibrium modelling of lead（Ⅱ）sorption from water and wastewater by polymerized banana stem in a batch reactor[J]. Separation and Purification Technology，2005，45（2）：131-140.

[79] Leyva-Ramos R，Bernal-Jacome L A.，Acosta-Rodriguez I. Adsorption of cadmium（Ⅱ）from aqueous solution on natural and oxidized corncob[J]. Separation and Purification Technology，2005，45（1）：41-49.

[80] Namasivayam C，Kadirvelu K. Agricultural solid wastes for the removal of heavy metals：Adsorption of Cu（Ⅱ）by coirpith carbon[J]. Chemosphere，1997（34）：377-377.

[81] Namasivayam C，Kadirvelu K. Uptake of mercury（Ⅱ）from wastewater by activated carbon from an unwanted agricultural solid by-product：Coirpith[J]. Carbon，1999，37（1）：79-84.

[82] Valtchev V P，Smaihi M，Faust A C. Equisetum arvense templating of zeolite beta macrostructures with hierarchical porosity[J]. Chemistry of Materials，2004，16（7）：1350-1355.

[83] Memon S Q，Memon N，Shah S W. Sawdust-A green and economical sorbent for the removal of cadmium（Ⅱ）ions[J]. Journal of Hazardous Materials，2007，139（1）：116-121.

[84] Liu Z T，Fana T X，Zhang D. Hierarchically porous ZnO with high sensitivity and selectivity to H_2S derived from biotemplates[J]. Sensors and Actuators B，2009（136）：499-509.

[85] Baral S S，Das S N，Rath P. Hexavalent chromium removal from aqueous solution by adsorption on treated sawdust[J]. Biochemical Engineering Journal，2006，31（3）：216-222.

[86] Cao J，Rambo C R，Sieber H. Manufacturing of microcellular biomorphous oxide ceramics from native pine wood[J]. Ceramics International，2004（30）：1967-1970.

[87] Acar F N，Eren Z. Removal of Cu（Ⅱ）ions by activated poplar sawdust（Samsun Clone）from aqueous solutions[J]. Journal of Hazardous Materials，2006，137（2）：909-914.

[88] Ciban M，Klanja M，Krbic B. Modified softwood sawdust as adsorbent of heavy metal ions from water[J]. Journal of Hazardous Materials，2006，136（2）：266-271.

[89] 张莹，冯利群. 沙柳/蒙脱土复合物的制备及阻燃性能研究[J]. 内蒙古农业大学学报，2011，32（2）：230-233.

[90] Taty-Costodes V C，Fauduet H，Porte C. Removal of Cd（Ⅱ）and Pb（Ⅱ）ions，from aqueous

solutions，by adsorption onto sawdust of Pinus sylvestris[J]. Journal of Hazardous Materials，2003，105（1-3）：121-142.

[91] 张克宏. 硼酚醛/杉木粉复合材料的制备与性能[J]. 材料科学与工程学报，2011，29（4）：531-535.

[92] Shukla S R，Pai R S. Adsorption of Cu（Ⅱ），Ni（Ⅱ）and Zn（Ⅱ）on dye loaded groundnut shells and sawdust[J]. Separation and Purification Technology，2005，43（1）：1-8.

[93] Shin Y，Liu J，Chan J H. Hierarchically ordered ceramics through surfactant-templated sol-gel mineralization of biological cellular structures[J]. Advanced Materials，2001，13（10）：728-732.

[94] Ahmed E N，Azza K，Ola A，et al. Treatment of wastewater containing toxic chromium using new activated carbon developed from date palm seed[J]. Journal of Hazardous Materials，2008（152）：263-275.

[95] Zhu Y N，Liang M N，Lu R R，et al. Phosphorus removal from aqueous solution by the Fe（Ⅲ）-Impregnated sorbent prepared from sugarcane bagasse[J]. Fresenius Environmental Bulletin，2011，20（5）：1288-1296.

[96] Reddy B R，Mirghaffari N，Gaballah I. Removal and recycling of copper from aqueous solutions using treated Indian barks[J]. Resources，Conservation and Recycling，1997，21（4）：227-245.

[97] 吴天一，张文博. 纳米二氧化钛/杨木速生材复合材料的制备[J]. 科协论坛，2011（8）：92-94.

[98] Chubar N，Carvalho J R，Correia M J N. Heavy metals biosorption on cork biomass：Effect of the pre-treatment[J]. Colloids and Surfaces A：Physicochemical and Engineering Aspects，2004，238（1-3）：51-58.

[99] Wankasi D，Horsfall Jr M，Spiff A I. Sorption kinetics of Pb^{2+} and Cu^{2+} ions from aqueous solution by Nipah palm（Nypa fruticans Wurmb）shoot biomass[J]. Electronic Journal of Biotechnology，2006，9（5）：587-592.

[100] 梁美娜，刘海玲，朱义年，等. 复合铁铝氢氧化物的制备及其对水中砷（V）的去除[J]. 环境科学学报，2006，26（3）：438-446.

[101] Leng Y Q，Guo W L，Su S N，et al. Removal of antimony（Ⅲ）from aqueous solution by graphene as an adsorbent[J]. Chemical Engineering Journal，2012（4）：406-411.

[102] Gupta V K，Shilpi A，Tawfik A，et al. Chromium removal by combining the magnetic properties of iron oxide with adsorption properties of carbon nanotubes[J]. Water Research，2011（45）：2207-2212.

[103] Boujelben N，Bouzid J，Elouear Z，et al. Jamoussi F and montiel A. phosphorus removal from aqueous solution using iron coated natural and engineered sorbent[J]. Journal of Hazardous

Materials，2008（151）：103-110.

[104] 谢晶晶，庆承松，陈天虎. 几种铁（氢）氧化物对溶液中磷的吸附作用对比研究[J]. 岩石矿物志，2007，26（6）：535-538.

[105] 叶振华. 化工吸附分离过程[M]. 北京：中国化工出版社，1992.

[106] Bunker D J, Smith J T, Livens F R. Kinetics of metal ion sorption on lake sediments-approaches to the analysis of experimental data[J]. Applied Geochemistry，2001，16（6）：651-658.

[107] Hochella M F，White A F. Mineral-water interface geochemistry，reviews in mineralogy[M]. America：the Mineralogical Society of America，1990.

[108] 安德森，鲁宾. 水溶液吸附化学：无机物在固-液界面上的吸附作用[M]. 北京：科学出版社，1989.

[109] 邓南圣，吴峰. 环境化学教程[M]. 武汉：武汉大学出版社，2000.

[110] Tsutsumi K, Matsushima Y, Matsumoto A. Surface heterogeneity of modified active cabrons[J]. Langmuir，1993，9（10）：2665-2669.

[111] 朱步瑶，赵振国. 界面化学基础[M]. 北京：化学工业出版社，1996.

[112] 张增强，张一平. 几个吸附等温模型热力学参数的计算方法[J]. 西北农业大学学报，1998，26（2）：94-98.

[113] Crini G. Kinetic，equilibrium studies on the removal of cationic dyes from aqueous solution by adsorption onto a cyclodextrin polymer[J]. Dyes Pigments，2008（77）：415-426.

[114] Zhang Z Q，Zhang Y P. Similarities and differences between freundlich kinetic equation and two-constant equation[J]. Pedosphere，1999，9（3）：213-218.

[115] Horn J R, Russell D, Lewis E A. Van't Hoff and calorimetric enthalpies from isothermal titration calorimetry：Are there significant discrepancies[J]. Process Biochemistry，2001（40）：1774-1778.

[116] Aksu Z. Determination of the equilibrium，kinetic and thermodynamic parameters of the batch biosorption of nickel（Ⅱ）ions onto Chlorella vulgaris[J]. Process Biochemistry，2002（38）：89-99.

[117] 曹威. 改性稻草去除水中 SO_4^{2-}和 Cr（VI）的特性和机理研究[D]. 广州：华南理工大学，2012.

[118] 叶林顺. 不同固液两相吸附平衡常数的局限含义及其与吸附位覆盖度的关系[J]. 环境化学，2010，29（4）：604-608.

[119] 张巧丽. 氧化铁/活性炭复合材料的制备及去除水中有机物和砷的研究[D]. 天津：天津大学，2004.

[120] Ho Y S，McKay G. Pseudo-second order model for sorption processes[J]. Process Biochemistry，

1999，34（5）：451-465.

[121] Chiron N，Guilet R，Deydier E. Adsorption of Cu（II） and Pb（II）onto a grafted silica：Isotherms and kinetic models[J]. Water Research，2003，37（13）：3079-3086.

[122] Ho Y S，Ng J C Y，McKay G. Kinetics of pollutant sorption by biosorbents：review[J]. Separation and Purification Methods，2000，29（2）：189-232.

[123] 王秀萍. 仪器分析技术[M]. 北京：化学工业出版社，2003.

[124] 刘宏民. 实用有机光谱解析[M]. 郑州：郑州大学出版社，2007.

[125] 卢涌泉，邓振华. 实用红外光谱解析[M]. 北京：电子工业出版社，1985.

[126] 刘世纯，戴文凤，张德胜. 分析化验工[M]. 北京：化学工业出版社，2003.

[127] 祁景玉. X 射线结构分析[M]. 上海：同济大学出版社，2003.

[128] [德]Merkel B.J.，Planer-Friedrich B.著. 地下水地球化学模拟的原理及应用[M]. 朱义年，王焰新译. 武汉：中国地质大学，2003.

[129] 环境监测标准分析编写组. 环境监测标准分析方法[M]. 北京：中国环境科学出版社，1980.

[130] 熊文愈，乔士义，李又芬. 毛竹（*Phyllostschys pubescens* Mazel ex H.de Lehaie）杆茎的解剖结构[J]. 植物学报，1980，22（4）：343-350.

[131] 刘兆婷. 木材结构分级多孔氧化物制备、表征及其功能特性研究[D]. 上海：上海交通大学，2008.

[132] 豆小敏，于新，赵蓓，等. 5 种铁氧化物去除 As（V）性能的比较研究[J]. 环境工程学报，2010，4（9）：1990-1994.

[133] 肖德兴，姚国庆. 厚皮毛竹茎秆的解剖结构[J]. 仲恺农业技术学院学报，2002，15（4）：1652-1672.

[134] Su C，Puls R W. Arsenate and arsenite sorption on magnetite：relations to groundwater arsenic treatment using zerovalent iron and natural attenuation[J]. Water，Air，and Soil Pollution，2008，193（1）：65-78.

[135] 于薛刚. 形貌及性能可控 Fe_3O_4 基磁性粒子的制备与表征[D]. 青岛：青岛科技大学，2011.

[136] 李炳. 颗粒活性炭负载氧化铁（IOCGAC）吸附除 Cr（Ⅵ）研究[D]. 长沙：湖南大学，2011.

[137] 林倩. 低度白酒用活性炭孔结构及表面化学性质的分析[A]. 2007 年首届“张弓杯”中国低度白酒生产技术论文集[C]，2007：140-142.

[138] 王立群，罗磊，马义兵，等. 重金属污染土壤原位钝化修复研究进展[J]. 应用生态学报，2009，20（5）：1214-1222.

[139] Carlo C，Mario P. Microstructure and humidity-sensitive characteristics of α-Fe_2O_3 ceramic sensor[J]. Journal of the American Ceramic Society，1992，75（3）：541-551.

[140] Saidur R C，Ernest K Y. Arsenic and chromium removal by mixed magnetite–maghemite nanoparticles and the effect of phosphate on removal[J]. Journal of Environmental Management，2010，91（11）：2238-2247.

[141] Goldberg S，Johnstony C T. Mechanisms of arsenic adsorption on amorphous oxides evaluated using macroscopic measurements，vibrational spectroscopy，and surface complexation modeling[J]. Journal of Colloid and Interface Science，2001，234（1）：204-216.

[142] Yean S，Cong L，Yavuz C T，et al. Effect of magnetite particle size on adsorption and desorption of arsenite and arsenate[J]. Journal of Materials Research，2005，20（12）：3255-3264.

[143] 杨慧芬. 草分枝杆菌与赤铁矿和石英间的作用力分析[J]. 金属矿山，2006，41（4）：15-18.

[144] 李鹏，周友连，张元波. 褐煤腐殖酸与磁铁矿的吸附研究[EB/OL]. 冶金工程技术，2012，http：//www. paper.edu.cn/releasepaper/content/201201-374.

[145] 王倩. 铁矿石-微生物协同去除水中 Cr（VI）的研究[D]. 杭州：浙江大学，2010.

[146] 赵谨. 天然磁铁矿与褐铁矿处理含 Hg（II）、Cd（II）、Cr（VI）废水实验研究[D]. 北京：中国地质大学，2002.

[147] Javadi N，Raygan S H，Seyyed Ebrahimi S A. Production of nanocrystalline magnetite for adsorption of Cr（VI） ions[J]. International Journal of Modern Physics，2012（5）：771-783.

[148] Pang Y，Zeng G，Tang L，et al. Preparation and application of stability enhanced magnetic nanoparticles for rapid removal of Cr（Ⅵ）[J]. Chemical Engineering Journal，2011（175）：222-227.

[149] Amin M M，Khodabakhshi A，Mozafari M，et al. Removal of Cr（Ⅵ）from simulated electroplating wastewater by magnetite nanoparticles[J]. Environmental Engineering and Management Journal，2010（9）：921-927.

[150] Asgari A R，Vaezi F，Nasseri S，et al. Removal of hexavalent chromium from drinking water by granular ferric hydroxide[J]. Iran Journal of Environmental Health，2008（5）：277-282.

[151] Giménez J，Martínez M，de Pablo J，et al. Arsenic sorption onto natural hematite，magnetite，and goethite[J]. Journal of Hazardous Materials，2007（141）：575-580.

[152] Mamindy-Pajany Y，Hurel C，Marmier N，et al. Arsenic（V） adsorption from aqueous solution onto goethite，hematite，magnetite and zero-valent iron：Effects of pH，concentration and reversibility[J]. Desalination and Water Treatment，2011（281）：93-99.

[153] Parsons G J，Lpoez L M，Peralta-Videa R J，et al. Determination of arsenic（III）and arsenic（V）binding to microwave assisted hydrothermal synthetically prepared Fe_3O_4，Mn_3O_4，and $MnFe_2O_4$ nanoadsorbents[J]. Microchemical Journal，2009（91）：100-106.

[154] Luther S，Borgfeld N，Kim J，et al. Removal of arsenic from aqueous solution：a study of the

effects of pH and interfering ions using iron oxide nanomaterials[J]. Microchemical Journal，2012（101）：30-36.

[155] Aredes S，Klein B，Pawlik M. The removal of arsenic from water using natural iron oxide minerals[J]. Journal of Cleaner Production，2012（29-30）：208-213.

[156] Singh D B，Prasad G，Rupainwar D C. Adsorption technique for the treatment of As（Ⅴ）-rich effluents[J]. Colloids and Surfaces A：Physicochemical and Engineering Aspects，1996（111）：49-56.

[157] 项学敏，刘颖，周集体. 水合氧化铁对废水中磷酸根的吸附-解吸性能研究[J]. 环境科学，2008，29（11）：3059-3063.

[158] Barber T M. Phosphate adsorption by mixed and reduced iron phases in static and dynamic system[D]. Palo Alto：Stanford University，2002.

[159] Colombo C，Barron V，Torrent J. Phosphate adsorption and desorption in relation to morphology and crystal properties of synthetic hematites[J]. Geochimica et cosmochimica acta，1994（58）：1261-1269.

[160] Borggaard O K. Effect of surface area and mineralogy of iron oxides on their surface charge and anion adsorption properties[J]. Clay Clay Miner，1983（31）：230-232.

[161] Liu C，Huang P M. Kinetics of phosphate adsorption on iron oxides formed under the influence of citrate[J]. Canadian Journal of Soil Science，2000（80）：445-454.

[162] Huang X. Intersection of isotherms for phosphate adsorption on hematite[J]. Journal of Colloid and Interface Science，2004（271）：296-307.

[163] Dimirkou A，Ioannou A，Doula M. Preparation，characterization and sorption properties for phosphates of hematite，bentonite and bentonite-hematite systems[J]. Advances in Colloid and Interface Science，2002（97）：37-60.

[164] Ioannoua A，Dimirkou A. Phosphate adsorption on hematite，kaolinite，and kaolinite-hematite（k-h）systems as described by a constant capacitance model[J]. Journal of Colloid and Interface Science，1997（192）：119-128.

[165] Torrent J，Schwertmann U，Barrón V. Phosphate sorption by natural hematites[J]. European Journal of Soil Science，1994（45）：45-51.

[166] Oliveira D Q L，Goncalves M，Oliveira L C A，et al. Removal of As（Ⅴ）and Cr（Ⅵ）from aqueous solutions using solid waste from leather industry[J]. Journal of Hazardous Materials，2008（151）：280-284.

[167] 吕文刚. 改性棕榈丝吸附水中重金属的研究[D]. 上海：华东理工大学，2012.

[168] Mohan D，Pittman C U. Activated carbons and low cost adsorbents for remediation of tri- and hexavalent chromium from water[J]. Journal of Hazardous Materials，2006（B137）：762-811.

[169] Kitahama K，Kiriyama R，Baba Y. Refinement of the crystal structure of scorodite[J]. Acta Crystallographica Section B，1975（31）：322-324.

[170] Jia Y F，Xu L Y，Fang Z. Observation of surface precipitation of arsenate on ferrihydrite[J]. Environmental Science Technology，2006，40（10）：3248-3253.

[171] 刘辉利，梁美娜，朱义年. 氢氧化铁对砷的吸附与沉淀机理研究[J]. 环境科学学报，2009，29（5）：1011-1020.

[172] Hu J，Chen G，Lo I M C. Removal and recovery of Cr（VI） from wastewater by maghemite nanoparticles[J]. Water Research，2005（39）：4528-4536.

[173] Ding M，De Jone B H W S，Roosendaal S J，et al. XPS studies on the electronic structure of bonding between solid and solutes：Adsorption of arsenate，chromate，phosphate，Pb^{2+}，and Zn^{2+} ions on amorphous black ferric oxyhydroxide[J]. Geochimica et Cosmochimica Acta，2000，64（7）：1209-1219.

[174] Li J，Lina Q，Zhang X. Mechanism of electron transfer in the bioadsorption of hexavalent chromium within Leersia hexandra Swartz granules by X-ray photoelectron spectroscopy[J]. Journal of Hazardous Materials，2010（182）：598-602.

[175] Abdel-Samad H，Watson P R. An XPS study of the adsorption of chromate on goethite（α-FeOOH）[J]. Applied Surface Science，2010，108（1997）：371-377.

[176] Park D，Lim S R，Yun Y S，et al. Reliable evidences that the removal mechanism of hexavalent chromium by natural biomaterials is adsorption-coupled reduction[J]. Chemosphere，2007（70）：298-305.

[177] Zhao D，Sengupta A K，Stewart L. Selective removal of Cr（Ⅵ）oxyanions with a new anion exchanger[J]. Industrial and Engineering Chemistry Research，1998，37（11）：4383-4387.

[178] Hovey J K，Hepler L G. Apparent and partial molar heat capacities and volumes of chromates（CrO_4^{2-}(aq)，$HCrO_4^-$(aq)，and $Cr_2O_7^{2-}$(aq)）at 25℃：chemical relaxation and calculation of equilibrium constants for high temperatures[J]. The Journal of Physical Chemistry，1990，94（20）：7821-7830.

[179] Hoffmann M M，Darab J G，Fulton J L. An infrared and X-ray absorption study of the equilibria and structures of chromate，bichromate，and dichromate in ambient aqueous solutions[J]. The Journal of Physical Chemistry A，2001，105（10）：1772-1782.

[180] Kendelewicz T，Liu P，Doyle C S，et al. X-ray absorption and photoemission study of the

adsorption of aqueous Cr（Ⅵ）on single crystal hematite and magnetite surfaces[J]. Surface Science，1999（424）：219-231.

[181] Yuan P，Liu D，Fan M，et al. Removal of hexavalent chromium[Cr（VI）] from aqueous solutions by the diatomite-supported/unsupported magnetite nanoparticles[J]. Journal of Hazardous Materials，2010（173）：614-621.

[182] Manjanna J，Venkateswaran G. Effect of oxidative pretreatment for the dissolution of Cr-substituted hematites/magnetites[J]. Industrial & Engineering Chemistry Research，2002（41）：3053-3063.

[183] 陈雯，刘玲，周建伟. 三种氧化铁吸附水环境中砷的试验研究[J]. 环境科学与技术，2009，32（1）：63-67.

[184] 张庆建，张炜铭，潘丙才，等. 载铁复合环境材料的制备及对水体中砷的深度净化[J]. 离子交换与吸附，2009，25（3）：282-288.

[185] 赵宗昇. 氧化铁砷体系除砷机理探讨[J]. 中国环境科学，1995，15（1）：18-21.

[186] Weng C H，Lin Y T，Yeh C L，et al. Magnetic Fe_3O_4 nanoparticles for adsorptive removal of acid dye（new coccine） from aqueous solutions[J]. Science and Technology，2010（62）：844-851.

[187] 李娜，孙竹梅，阮福辉，等. 三氯化铁除砷（III）机理[J]. 化工学报，2012，63（7）：2224-2228.

[188] 刘振中，邓慧萍. 负载铁锰氧化物的活性炭除砷酸盐的性能研究[J]. 哈尔滨工业大学学报，2010，42（8）：1317-1322.

[189] 梁美娜，刘芳，刘海玲，等. 氢氧化铁胶体对砷吸附行为的初步研究[J]. 工业用水与废水，2005，36（6）：35-38.